松本 仁＝著
新部由美子＝画

よもやま花《ばな》誌《し》

植物とのふれあい五〇年

新評論

はじめに

太田道灌（一四三二〜一四八六）の逸話で有名な「山吹の里」を見つけました。原稿を持って、本書の出版社である新評論を訪ねたときのことです。約束の時間より少し早く着いたので、新宿区西早稲田にある新評論の辺りをブラブラしていると、神田川に架かる面影橋のすぐ横に「山吹の里」の碑が立っていたのです。

鷹狩りに出た太田道灌が、帰りに驟雨《しゅうう》にあい、蓑笠を借りようと思って立ち寄った家で、少女から山吹の枝を差し出されて怒ったというエピソードを聞いたことがあるかと思います。道灌は屋敷に戻ってからこの話を家臣にしたのですが、家臣から次のように言われました。

「それは、後拾遺和歌集にある『七重八重　花は咲けども　山吹の実の一つだに　なきぞ悲しき』（兼明親王）という歌にかけて、貧しい茅葺きの家に佇む者で、蓑一つ持ち合わせていませんということを伝えたかったのでしょう」

これを聞いた道灌は恥じ入り、それ以後、本格的に和歌の勉強をはじめたといいます。このように、人の生活というのは、ちょっとしたきっかけで変わってしまうものです。さしずめ現代では、高度な文明や文化創造に至るまで、さまざまな側面を日々体感することになりますから、それだけ煩雑なものともいえますし、いろいろなことが体験できるので楽しいともいえます。

こんなことを考えているからでしょうか、周りの人と話をするとき、「人は、なぜ生きているのでしょうね？」という素朴な質問をしてしまうときがあります。何となく意見交換をしていくと、「自分や周りの人たち、そして社会が『しあわせ』になるためです」という答えに収束することが多いものです。

普段、経済的なことに流されて、あまり余裕のない日常を生きていると思われる人たちでも、改めて考えると、単に自分だけでなく、大きな集団の「しあわせ」のために自らが存在しているという考え方をもっているものです。

このような論議が発展していくと、人という範囲からさらに拡大し、他の生物や地球環境までを含めた「しあわせ」が目的になってきます。動物愛護や環境保護といった活動

山吹の里の碑と神田川の桜。「山吹の里」がどこにあったのかについては、関東地方にいくつかの伝説が残っています。ここは、そのうちの一つです。写真のように、現在は桜の名所となっています

がその代表的な例で、ご存じのように、多くの人たちが仕事やボランティアとしてさまざまな活動を展開されています。

言うまでもなく、地球上にはさまざまな生命があらゆる環境で生活しています。それらの生命は、進化をさかのぼると一つの祖先にたどり着くと考えられています。「共通祖先」という概念です。ヒトとニホンザルは同じ祖先だというとそれなりの納得感がありますが、ヒトとアジサイに同じ祖先がいたといわれても、なかなか納得できるものではありません。

日本アルプスの高峰の頂に落ちた雨粒が半分に分割され、一方が北へ、残りが南へと流れ出し、日本海あるいは太平洋に流れ入る――このようなイメージで表すことのできる偶然に満ちた分化を繰り返し、多様な生命ができたといわれています。

さて、身近な所に咲く花々に私が興味をもちはじめたのは一〇歳のころです。自宅近くの小山に咲く濃い紫色のスミレを見てその美しさに感動し、道端に咲くシロバナタンポポを見て、「なぜ、このタンポポは黄色ではなく、白い花を咲かせているのだろうか」と疑問に思いました。また、庭に咲き乱れるピンク色の花、筒型のハナトラノオにスズメガ（雀蛾）の仲間がやって来て、せわしなく蜜を吸っている光景を飽きることなく眺めてもいました。

このような記憶、ちょうど五〇年が経過した現在でも鮮明に残っています。このころから私は、現在に至るまでライフワークとして植物に接し続けてきました。私と植物の関係は、仲のよい、少し遠縁の親戚といった感じかもしれません。

とはいえ、ある植物との出会いや思い出は、時間という流れのなかで記憶から次第に消えつつあり、変色しはじめているようです。そこで、それらの記憶を書き留めておくことにしました。その理由は、社会的に意味があると思ったからです。なぜなら、現代においては植物の存在に気付かないという人が多くなったからです。とくに、経済スピードの速い都会の人たちにその傾向が多く見られます。

また、それぞれの植物には、長い歴史において多くの人々がかかわり、たくさんの知見が集積されていることも見逃せません。言うまでもなく、植物学、農学、地理学、歴史学、文学などです。かつての人々は、植物の生態について熟知しており、それを生活に活かしつつ季節の変化を感じていました。そのような日々が、現在でも読み継がれている文学作品を生んだのです。

そこで私も、植物との思い出を縦糸に、その植物に関して蓄積されてきた多くの知見を横糸にして、布を織り上げていくような気持ちで本書を著すことにしました。いくつかの植物を取り上げていくうちに、人は植物から実に多くのものを得ているということを、今さらながら痛感することになりました。食料、飲料、薬、染料、用材、鑑賞といったように、人が生きていくうえにおける必須のものとして、また生活をより楽しむためや文化を高めるため、といった役割です。

ツーリズムの発展とともに、国内外の多くの人々が旅行を楽しんでいます。春ともなると、「お花見ツアー」が全国を対象にして企画されています。大阪だと「造幣局の通り抜け」、東京だと「上野公園」といった所が人気スポットとなり、毎年、多くの人が訪れています。ただ、ほとんどの人々が、パンフレットに掲載されている写真と同じ風景を探し出し、それを自分のカメラで撮影することが目的となっているかのようにも思えます。それ以外にも、お酒を楽しむだけ、という人もいるかもしれませんが……。

せっかく訪れたのですから、自分なりの視点で見、気に入った風景を探し出してほしいものです。都会の真ん中であっても歴史的な遺産がありますし、野山に行けば、目を見張るような自然環境が広がっているのです。足元に生える小さな野草に顔を近づけて観察し、植物との対話を楽しむ。また、それを同行者と共有化することでさらに楽しみを増やしていく。たとえそれが小さなことであっても、自らが創造するという行為に重要な意味があります。言ってみれば、このような行為が私

造幣局（大阪市北区）は大川の側にあります。川べりのソメイヨシノを遊覧船から眺めると、ひと味違って見えます。撮影日から10日もすると、ソメイヨシノの向こう側に、八重桜を含む100品種以上の桜が咲き乱れます（2005年３月撮影）

の考える「しあわせ」となります。

本書では、合計五〇種の植物を取り上げることにしました。どの植物も、種子、苗、開花、結実などといった生活段階で一年間を生きています。便宜的に、それぞれの植物に季節を当てはめました。季節の変化に合わせて植物を配列したところ、春夏秋冬という四季ではなく、それに「早春」と「梅雨」を入れ込んだ六つの季節「六季《ろっき》」が私の感性にあったので、それを採用することにしました。ちなみに、「六季」という言葉は広辞苑などの辞書には載っていません。あくまでも個人の感性に基づくもので、梅雨前線の停滞する「梅雨季」と秋雨前線の停滞する「秋霖季」を季節として数えることで「六季」としている人もいます。

また、たくさんの種類からなる植物の世界をどのように整理・分類するかについても述べておきます。これについては、植物学において継続的に検討が行われています。一九八〇年代にアメリカの植物学者クロンキスト（Arthur Cronquist, 1919～1992）が発表した植物の形態に基づいて分類する「クロンキスト体系」に続き、一九九八年にＤＮＡ解析に基づいて分類する「ＡＰＧ体系」が公表され、更新を継続しながら用いられています。

現在、先端の植物学分野ではＡＰＧ体系が用いられているのですが、一般社会においては、いまだクロンキスト体系が多用されていますので、本書ではクロンキスト体系を用いることにしました。もし、読者のなかに植物学に詳しい人がいらっしゃれば、この点をふまえて読んでいただけると幸いです。

なお本書は、ミニコミ紙「お好み書き」に連載中のコラム「仁さんのよもやま花誌」に書いたものに修正を加え、前述したとおり季節に沿って掲載したものであることをお断りしておきます。「お好み書き」とは、一九九〇年三月に大阪で創刊され、毎月、視聴障がい者向けのテキストファイル版を含めて発行部数二七〇〇部のミニコミ紙（月刊）です。関西の話題が多いのですが、社会的な問題も多々取り上げていることで読者の支援が得られ、二〇一八年五月現在、通巻三三八号を数えます。

ミニコミ紙の読者にとってはすでに読んだものとなるかもしれませんが、かなりバージョンアップしていますので、改めて楽しんでいただけると確信しています。また、本という表現形態をとることができましたので、広く全国の方に伝えるためのアレンジも施しています。もちろん、読者のみなさまにも、私が訪れた所に出掛けていただきたいからです。

人工知能（ＡＩ）の急速な発展に見られるように、科学技術の発展は想像以上のスピードで進んでいます。どうも、私も含めて一般の人たちは取り残されているようにも感じてしまいます。しかし、社会を構成しているのは、その一般の人たちなのです。いつの時代も、ごく普通の人々が形成した生活のスピードがありました。それを、植物をキーワードにして思い出してください。

本書を読んでいただくことで、植物たちとのかかわりあいを改めて考えていただき、みなさまの生命の広がりについて、じっくりと思いを馳せていただければ幸いです。そして、季節というものを十分に感じていただき、「自分、周りの人たち、社会、そして他の生物や地球環境が『しあわせ』になる」ということを、ほんの少しでも実現していただければうれしいです。

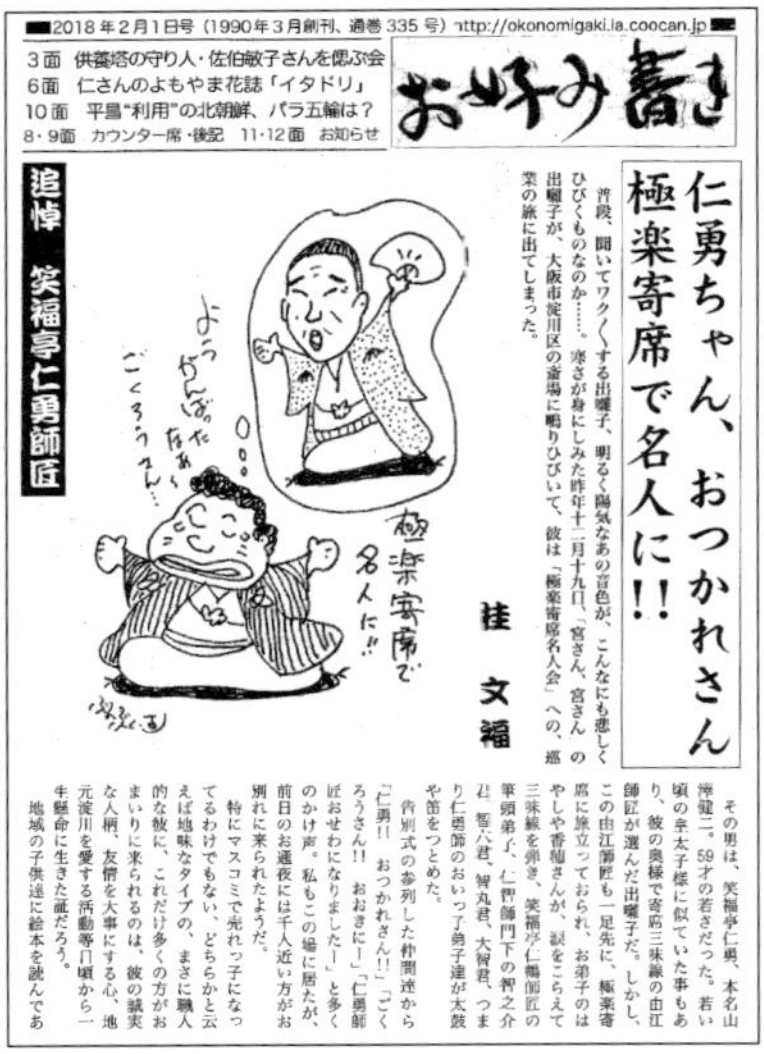

2018年2月1日号（1990年3月創刊、通巻335号）http://okonomigaki.la.coocan.jp

3面　供養塔の守り人・佐伯敏子さんを偲ぶ会
6面　仁さんのよもやま花誌「イタドリ」
10面　平昌"利用"の北朝鮮、パラ五輪は？
8・9面　カウンター席・後記　11・12面　お知らせ

お好み書き

追悼　笑福亭仁勇師匠

仁勇ちゃん、おつかれさん　極楽寄席で名人に!!

桂　文福

普段、聞いてワク〳〵する出囃子、明るく陽気なあの音色が、こんなにも悲しくひびくものなのか……。寒さが身にしみた昨年十二月十九日、「宮さん、宮さん」の出囃子が、大阪市淀川区の斎場に鳴りひびいて、彼は「極楽寄席名人会」への、巡業の旅に出てしまった。

その男は、笑福亭仁勇、本名山澤健二。59才の若さだった。若い頃の弁太子様に似ていた事もあり、彼の奥様で寄席三味線の由江師匠が選んだ出囃子だ。しかし、この由江師匠も一足先に、極楽寄席に旅立っておられ、お弟子のはやしや香織さんが、涙をこらえて三味線を弾き、笑福亭仁鶴師匠の筆頭弟子、仁智師門下の智之介君、智六君、智丸君、大智君、つまり仁勇師のおいっ子弟子達が太鼓や笛をつとめた。

告別式の参列した仲間達から「仁勇!!　おつかれさん!!」「ごくろうさん!!　おおきに!」「仁勇師匠おせわになりました!」と多くのかけ声。私もこの場に居たが、前日のお通夜には千人近い方がお別れに来られたようだ。

特にマスコミで売れっ子になってるわけでもない、どちらかと云えば地味なタイプの、まさに職人的な彼に、これだけ多くの方がおまいりに来られるのは、彼の誠実な人柄、友情を大事にする心、地元淀川を愛する活動等日頃から一生懸命に生きた証だろう。

地域の子供達に絵本を読んであ

連絡先：〒530-0041　大阪市北区天神橋4－3－17－2105　庄村宛
TEL：06-6357-5259
購読料：年間2700円

よもやま花誌《ばなし》——植物とのふれあい五〇年　目次

早春

フクジュソウ
（学名：*Adonis ramosa*）
…………………………… 18

スノードロップ
（学名：*Galanthus nivalis*）
…………………………………………… 23

Yu

プリムラ・ポリアンサ
(学名：*Primula polyantha*)
…………………………… 27

Yu

ザゼンソウ
(学名：*Symplocarpus renifolius*)
…………………………… 37

Yu

ウメ
(学名：*Prunus mume*)
…………………………… 32

春

レンギョウ
（学名：*Forsythia* sp.）
.... 42

カタクリ
（学名：*Erythronium japonicum*）
.... 46

アセビ
（学名：*Pieris japonica* subsp. *japonica*）
.... 51

コバノミツバツツジ
（学名：*Rhododendron reticulatum*）
…………………………………… 60

ハナミズキとヤマボウシ
（学名：*Cornus florida, Cornus kousa*）
…………………………………… 56

ハマエンドウ
（学名：*Lathyrus japonicus*）
…………………………………… 65

イデナデシコ（学名：*Dianthus chinensis* var. *laciniatus*）
…………………………………… 70

Yu

ウラシマソウ
（学名：*Arisaema thunbergii* subsp. *urashima*）
…………………………………………… 75

Yu

ザクロ
（学名：*Punica granatum*）
…………………………………………… 85

Yu

ムベ
（学名：*Stauntonia hexaphylla*）
…………………………………………… 80

7

梅雨

ガクアジサイ
（学名：*Hydrangea macrophylla* f. *normalis*）
………………………… 90

ホタルブクロ
（学名：*Campanula punctata*）
………………………………………… 95

ハンゲショウ
（学名：*Saururus chinensis*）
………………………………………… 99

マタタビ
（学名：*Actinidia polygama*）
………………………………… 108

ササユリ
（学名：*Lilium japonicum*）
………………………………………… 103

夏

ツキミソウ
（学名：*Oenothera tetraptera*）
………………………………… 114

キキョウ
（学名：*Platycodon grandiflorus*）
…………………………………… 123

スナビキソウ
（学名：*Argusia sibirica*）
…………………………………… 118

オクラ
（学名：*Abelmoschus esculentus*）
…………………………………… 135

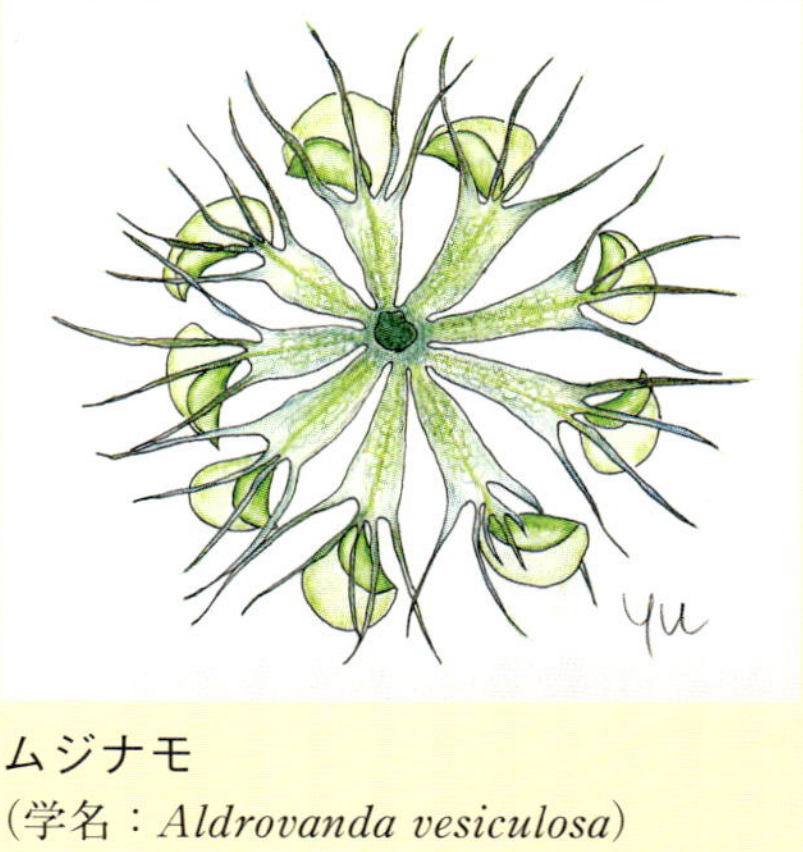

ムジナモ
（学名：*Aldrovanda vesiculosa*）
…………………………………… 128

シロウリ
(学名：*Cucumis melo* var. *conomon*)
………………………………………… 140

ミヤマリンドウ
(学名：*Gentiana nipponica*)
………………………………………… 145

タヌキマメ
(学名：*Crotalaria sessiliflora*)
………………………………………… 150

ラフレシア
(学名：*Rafflesia arnoldii*)
………………………………… 155

オニバス
（学名：*Euryale ferox*）
…………………………… 166

アサガオ
（学名：*Ipomoea nil*）
………………………………………… 160

秋

ミズアオイ
（学名：*Monochoria korsakowii*）
……………… 172

マルバハギ
（学名：*Lespedeza cyrtobotrya*）
………………………………… 182

シクラメン
（学名：*Cyclamen* sp.）
………………………………… 177

カリガネソウ
（学名：*Caryopteris divaricata*）
………………………………… 192

オオヤマジソ
（学名：*Mosla japonica* var. *hadae*）
………………………………… 187

ダリア
（学名：*Dahlia* sp.）
…………………… 197

ツメレンゲ
（学名：*Orostachys japonica*）
…………………………………… 207

カンラン
（学名：*Cymbidium kanran*）
…………………………………… 202

冬

チャ
（学名：*Camellia sinensis*）
………………………… 214

サザンカ
（学名：*Camellia sasanqua*）
………………………………………… 219

ネリネ
（学名：*Nerine* sp.）
………………………………… 224

ナンテン
（学名：*Nandina domestica*）
…………………………………… 233

エンドウ
（学名：*Pisum sativum*）
…………………………………… 229

ソヨゴ
（学名：*Ilex pedunculosa*）
…………………………………… 242

フユイチゴ
（学名：*Rubus buergeri*）
…………………………………… 237

カラタチ
（学名：*Poncirus trifoliata*）

カトレヤ
（学名：*Cattleya*）

キソウテンガイ
（学名：*Welwitschia mirabilis*）

ツバキ
（学名：*Camellia* sp.）

早春

大宰府天満宮の参道には「梅ヶ枝餅」の店がいくつも並んでいます。そのお餅を食べて参拝すると、大宰府に来たという思いが一層強まります。神社の隣に国立博物館として４番目にできた「九州国立博物館」があり、素晴らしい美術品・工芸品を鑑賞することができます（2008年３月撮影）

フクジュソウ

フクジュソウ〈福寿草〉は、黄金色に輝く早春の花です。「元日草《がんじつそう》」という別名があることをご存じですか。この花と南天の実をセットにして、「難を転じて福となす」という縁起物の飾り付けがされることも多いです。とはいえ、フクジュソウは有毒なので、食べないようにしてください。「元日草」のほかに「朔日草《ついたちそう》」という別名もあります。旧暦の正月（一月末から二月の中旬）ごろに咲き出すことから、新年を祝う花として名前が付けられたそうです。いずれにせよ、お目出たい花ということです。

一九九一年三月三日付の〈朝日新聞〉に、この花が自生する青森県岩崎村〈現・青森県西津軽郡深浦町〉の小学校についての記事が掲載されていました。とても小さな小学校で、一年生が入学してしばらくするとフクジュソウの種が熟す季節となり、一年生が種播きをするのだそうです。

(学名：*Adonis ramosa*) 残雪の中に咲くフクジュソウ。短い茎に大きな黄金色の花を付けています。早春の生命の力強い輝きを感じます。

播いた種は発芽して双葉が出ます。そして、毎年少しずつ大きくなります。春に芽が出て、梅雨ごろには地上の部分は枯れ、地下の部分だけが生き残ります。これを繰り返して、六年生の三月、ちょうど卒業式のころに初めての花が咲くのです。小学生の成長が、フクジュソウの種から開花までの成育と一致しているわけです。卒業していく児童が自分の播いたフクジュソウの花を見たときの誇らしさなどが、記事を読んでいるだけなのにこちらにも伝わってきそうです。

日本に自生するフクジュソウの仲間は、フクジュソウ、キタミフクジュソウ、ミチノクフクジュソウという三種に分類されます。東アジアに分布する植物で、石灰岩を好むことが知られているのですが、私も石灰岩地域で群落を見たことがあります。何年か前の春の彼岸の日、滋賀県と三重県の県境を南北に連なっている鈴鹿山脈の最北に位置する霊仙山《りょうぜんやま》（一〇九四メートル）の西南尾根、標高一〇〇〇メートルくらいの所できれいに咲いたフクジュソウを見ました。周りには雪がたくさん残っていて、冷たい風が吹いていたのですが、陽射しは冬のものとは異なり、フクジュソウの花がその草原を温かい雰囲気にしていました。

霊仙山はスキー場などの開発がほとんど行われていないため、豊かな自然が残っています。それゆえ、「花の百名山」の一つにも数えられています。比較的登りやすいなだらかな山ですし、登山道も整備されているため、初心者をはじめとして登山客に人気の高い山となっていますが、最近はシカによる食害が顕著になっているようです。

フクジュソウは、江戸時代に園芸植物として栽培されていたことが知られています。江戸時代末期には一〇〇以上もの品種があったそうです。花の色、花弁の形、花弁の数などの違いで品種が区別されていました。たとえば、花の色においては、野生種の黄色だけでなく白色、紅色、緑色が知られています。

高校生のころ、私はフクジュソウの「同好者の会」に所属し、年に一回送られてくるフクジュソウの園芸品種を栽培していました。手元の資料を見ると、最初に「金鵄《きんし》」という品種を栽培していました。花弁の先端が深く裂けていて、濃い黄金色で光沢のある花です。そのほか、「玉孔雀《たまくじゃく》」という、緑色の花を咲かせる品種も栽培しました。花弁に葉緑素が含まれている珍しいものです。

前述したように、新年を祝う寄せ植えにフクジュソウを入れることがあります。これが入るだけで「しあわせ」な感じがするのは、その名前だけでなく、気品ある姿にもよるのでしょう。しかし、寄せ植えのフクジュソウが花びらを大きく広げて満開になるとはかぎりません。

霊仙山へは、JR東海道本線の醒ヶ井駅から登る「榑《くれ》ケ《が》畑《はた》コース」が最短となります。霊仙山の山麓は伏流水が豊富で、その水を利用した醒井養鱒場があります（2007年３月、滋賀県犬上郡多賀町にて撮影）

フクジュソウは一つの花が数日間咲いていますが、日中は花が開いていても、夜になると閉じていることをご存じでしょうか。一九九六年二月、自宅で栽培していたフクジュソウを用いて、気温や光の明るさと花の開き具合の関係を調べたことがあります。その結果、この花は、気温と光の明るさが上昇すると開き、下降すると閉じることが分かりました。

また、開花したての花は明確に開花・閉花を行いますが、開花してから二、三日すると完全に花を閉じることがなくなり、半開きと全開の間で開閉を繰り返すことも分かりました。人は年齢とともに動きが緩慢になるという傾向がありますが、それに似ていると思ってしまいます。

落葉樹が葉を広げる前の春先に急いで花を咲かせ、夏になるころには地上部を枯らし、その後、地下で過ごす草花を「スプリング・エフェメラル（Spring ephemeral）」と呼びます。エフェメラルとは、「短命な」や「儚い」という意味をもつ言葉です。

フクジュソウも、カタクリやイチリンソウとともにスプリング・エフェメラルに含まれます。大きく艶やかな色彩の花をつけるものが多く、春先に突然現れて、林と人の心に明るさを運んだかと思うと、すぐに地表から姿を消してしまいます。うたかたの夢、まるで妖精のようです。かつて鈴鹿山脈の藤原岳（一一四四メートル・三重県いなべ市と滋賀県東近江市との境界）で見たフクジュソウの群落では、セツブンソウやヒロハノアマナの花がいっしょに早春を謳歌していました。

毎年、正月の寄せ植え用として大量のフクジュソウが消費されています。そのせいでしょう、明治から現代まで、「福寿海《ふくじゅかい》」という品種がもっとも多く栽培されています。二重の大輪咲きで、株別れによる繁殖力は旺盛ですが、種は実らない品種です。

この産地である埼玉県深谷市岡部を訪れたことがあります。関東ローム層でできた台地であり、冬の季節風のため、長い間放置されていた土地が多かったそうです。大正から昭和の初めにかけて、蚕の餌として有名なクワを畔に植えながら開墾が進められました。

畑には落葉樹が列状に植えられており、その間にフクジュソウが栽培されていました。株分けしたフクジュソウを植えつけると、三年から四年後には株別れして大株となり、出荷できるそうです。関東ローム層の畑は土壌が赤く、サラサラとしており、関西の黒っぽくて粘土質の土壌とはずいぶん違うような感じでした。水はけのよさが、フクジュソウには合っているようです。

関東ローム層の畑で、モクレンを植栽し、その間にフクジュソウを育てています。夏は日陰となり、冬は日当たりがよくなるので、生育に適した環境が得られます（1995年２月、深谷市岡部の栽培農家にて）。

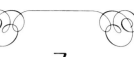

スノードロップ

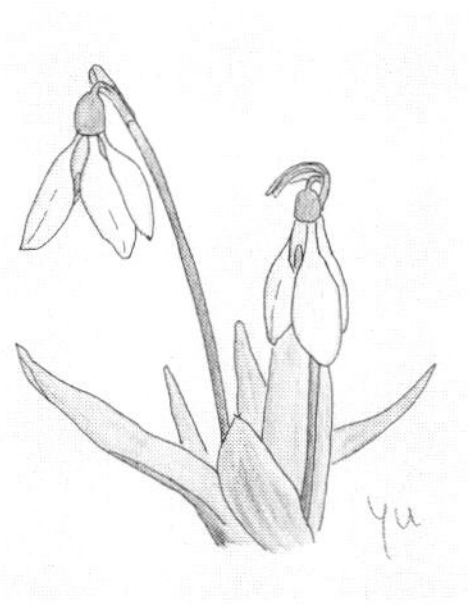

（学名：*Galanthus nivalis*）
２月の初旬、１年で一番寒い時なのに、花を咲かせるスノードロップ。土の中にある春の力が、真っ先に地表に現れてきたような感じがします。この花が咲いても、まだまだ寒さは続きます。

一年で一番寒い季節、寒空のもと京都府立植物園に出掛けると、落葉樹の明るい林のなかに咲くスノードロップの一群《ひとむ》れが出迎えてくれました。なぜ、こんなに寒いのに花を咲かせるのでしょう。その謎については、のちほどお話ししましょう。

清らかに咲き誇っているスノードロップを、三脚にセットしたカメラでじっくりと撮影していると、散策している人が興味深げに立ち上まります。なかには、「何の花ですか？」と尋ねてくれる人もいます。このようなちょっとした会話、どういうわけか心温まるものです。

小さいころから、この花の絵や写真を何度も見ていました。しかし、じっくりと現物を見たのはここ数年のことです。写真でしか知らなかったころ、スノードロップは大きな二枚の花びらをもった花を咲かせるものだと思い込んでいました。現物を見るようになって、大きな三枚の花弁

（外花被片《がいかひへん》）と小さな三枚の花弁（内花被片《ないかひへん》）でできていることを知りました。楕円形の緑色の子房に大きな花弁が付いて、ぶら下がっている様《さま》を見ると、羽子板の羽根に似ているような気もします。バドミントンならシャトルということになりますね。

　春に咲く球根植物のチューリップやスイセンも三枚ずつの外花被片と内花被片をもっていますが、両方の大きさはほぼ同じです。そのような花に慣れすぎているせいか、外花被片の三枚が特異的に大きなスノードロップは、不思議な花形に思えてしまいます。

　スノードロップは真冬から早春にかけて咲く球根植物で、一〇センチくらいの花茎の先に一つだけとても愛らしい花をつけます。邦訳すると「雪のしずく」、日本酒の名前にするのもいいかもしれません。

　属名の「*Galanthus*《ガランサス》」は、ギリシャ語の「gala（乳）」と「anthos（花）」を合わせたものです。花の色から「乳色をした花」と命名されたのです。和名として、「雪の花」とか「待雪草」という名前もありますが、花屋さんではもっぱらスノードロップで通っています。

　ちなみに、ガランサス属には一八種あり、そのなかの一つ「*Galanthus elwesii*《エルウェッシー》」という大型種もよく栽培されています。ガランサス属は、ヨーロッパ西部からカフカス山脈、さらにイランにかけて分布しています。近縁種の分類には、内花被片にある緑色の斑紋《はんもん》の形も活用します。

　スノードロップについていくつかの伝承があります。そのうちの二つをご紹介しましょう。アダムとイブは、天国から追われて、雪が降る冬の世界にやって来ました。寒さがとても厳しいので、二人は嘆き悲しんでいました。そのとき天使が現れ、「必ず暖かい春がやって来る」と言って慰めました。そして、天使が手で雪に触れたところ、雪がスノードロップに変化したというお話です。

もう一つはドイツの伝承です。神が天地を創造したとき、モノに色を与えました。空は青、木に緑というようにです。もちろん、花々にはさまざまな色が与えられました。しかし、雪だけは色がついていなかったそうです。

雪が神に色をくれるように頼んだところ、神は花から色を分けてもらうように言いました。いろいろな花に頼んだ雪ですが、多くの花が色を分け与えることを拒みました。雪があきらめかけたとき、スノードロップが「私の色でよければ喜んでお分けしましょう」と言って白い色を分け与えてくれたのです。スノードロップがどの花よりも早く、春一番に花を咲かせるのは、雪からの感謝のしるしなのだそうです。

雪がスノードロップに変化したり、スノードロップの色が雪の色になったりと、この花は本当に雪との縁が深いようです。この花に似た植物に、外花被片と内花被片の長さがほぼ同じで、釣鐘形の花を咲かせるスノーフレーク（*Leucojum aestivum*）があります。ヨーロッパ中南部の原産で、草丈はスノードロップに比べるとずいぶん高く五〇センチくらいで、ソメイヨシノの開花前後に花が咲きます。属名のレウコユムはギリシャ語で、「白いスミレ」に由来しています。花の香りがスミレに似ているからこのように命名されたようです。

スノーフレークには「スズランスイセン」という別名があるのですが、その名のとおり、花はスズランに、葉はスイセンに似ています。私が生まれ育った家の庭に、この花が咲いていました。瑞々しい感じの植物で、生け花にしようと花や葉をハサミで切ると、切り口からたくさんの粘液が出てきたことを覚えています。実は、小学生のころ、この植物が「スズラン」だと思っていました。

スノーフレークの花をよく観察すると、外花被片と内花被片の両方ともに先端に緑色の斑紋があります。内花被片のみに緑色の斑点をもつスノードロップとの相違点といえます。こんなスノーフレークを、何とJR東海道本線の醒《さめ》ヶ《が》井《い》駅のホームで見たことがあります。降りしきる花冷えの雨、小さな水滴を体じゅうにたくさんつけた姿に魅せられて、傘を差しながら夢中で撮影した写真を掲載しておきます。

醒ヶ井駅に、スノーフレークは今も咲いているのでしょうか。それを確認するには、春を待たなければなりません。まずは二月の雪の朝、寒さに負けないで、スノードロップの花を探してみることにします。

滋賀県米原市の醒ヶ井駅に咲いていたスノーフレーク（2004年4月）

プリムラ・ポリアンサ

（学名：*Primula polyantha*）葉はやや肉厚で、凹凸が著しいプリムラ・ポリアンサ。花びらのあでやかで力強い色彩が目をひき、若々しい生命感を感じます。まるで、周りの空気が明るくなったようです。

ピンク、黄、紅、白、紫、まるで一二色入りのクレヨンの箱を開けたみたいにプリムラ・ポリアンサ（西洋桜草）は咲きます。各色の間には色相《しきそう》の隔たりがあり、それぞれの色が独立していることが分かります。

一方、同じサクラソウ属（*Primula*）に属する園芸植物として、日本には古典園芸植物である「日本桜草」があります。こちらのほうは、品種の違いによる花色の変化は紅から桃色、そして白へと一本の線上にあります。六〇色入りの色鉛筆の箱から、白から紅へのグラデーションの部分だけを一〇本ほど抜き出したような感じです。

西洋桜草の代表であるポリアンサと日本桜草は、イギリスと日本で一七世紀ごろから独自に品種改良が進められてきました。江戸時代に、同じ仲間である植物の園芸品種が作出されはじめたという事実は興味深いことです。ちなみに、ポリアンサはヨーロッパに自生する三種の野生種から、日本桜草は日本に自生するサクラソウ一種から品種改良が行われています。

「Prima《プリムラ》」は「第一の」という意味で、この花が早春にほかの花に先がけて咲くことから命名されたようです。オペラの主役を務める女性歌手を「Prima donna《プリマドンナ》」、総理大臣を「Prime《プライム・》Minister《ミニスター》」といいますが、同じ語源です。

プリムラとの最初の出会いは、小学校四年生の早春だったと思います。素焼きの四号鉢に植えられたプリムラ・マラコイデス（*Primula malacoides*）で、草緑色のプラスチックの鉢カバーに入れてありました。ピンクの小さな花が、段々になった穂にたくさん咲いていました。その植木鉢の周りがとても明るく感じられたと記憶しています。ソメイヨシノより少しばかり濃い色のマラコイデスのピンクが、私のなかではサクラソウのイメージカラーになりました。

このマラコイデスの原産は中国の雲南省です。花色は、白、淡ピンク、濃いピンク、紅で、日本桜草と類似しています。改良はイギリスなどで行われましたが、ポリアンサのような多様な花色には至りませんでした。

サクラソウ属には、世界で約五〇〇種があるとされています。日本には約一四種が自生していますが、自生地がかぎられている種が多く、野生の姿を見る機会はそれほど多くありません。

さて、サクラソウ（*Primula sieboldii*）ですが、九州から北海道にかけて断続的に自生し、海外では朝鮮半島、中国東北部、シベリア東部にも分布しています。埼玉県の荒川流域にある田島ヶ原サクラソウ自生地(1)は国の特別天然記念物に指定されており、手厚く保護されています。ちなみに、種小名の「*sieboldii*」は、ドイツの医師・博物学者であるシーボルト（Philipp Franz Balthasar von Siebold, 1796～1866）にちなんで命名されたものです。

実は、日本のサクラソウをヨーロッパに導入したのはシーボルトなのです。まず、ライデン気候馴化園（オランダ）で育てられ、一八六二年にイギリスのヴィーチ園芸商会にわたって栽培され、各地に販売されました。

こんな由来のあるサクラソウ、『万葉集』や『古今和歌集』などには詠まれていません。当時の文化の中心である近畿地方に自生地がなかったからだと考えられています。日本の文献にサクラソウについて書かれたのは、一五八四（天正一二）年、堺の商人が書いた茶会記録に「茶花」として記述されたのが最初ということです。

一方、関東地域には多くの自生地があったため江戸を中心に栽培され、花卉《かき》として発展しました。堺の商人が記録したサクラソウは、関東地域からもたらされたものであろうと考えられています。

一六八一（天和元）年、園芸家の水野元勝（生没年不詳）が著した『花壇綱目《かだんこうもく》』（全三巻）にはサクラソウが明確に記されており、それ以降、多くの文献に出てきます。一七三三（享保一八）

(1)　〒338‐0837　埼玉県さいたま市桜区　さくら草公園内　荒川河川敷秋ヶ瀬橋たもと。

年に著された『地錦抄付録』では初めて図説もされ、品種の分化がはじまっていたことが記されています。そして、寛政、文化、文政のころ（一八世紀の終わりから一九世紀初め）にサクラソウの栽培は最盛期を迎えました。

私も日本桜草を一〇年来栽培していますが、種がよく実ります。受粉をすると、結実がさらによくなります。種蒔きをしてから、順調にいけば三年くらいで花を咲かせますが、「これぞ！」というよい花はあまり出ません。しかし、多様な花を毎年楽しむことができます。

現在、三〇〇品種くらいが栽培されているそうで、そのうちの一〇〇種くらいが江戸時代から伝わっているもの

江戸時代から栽培されている日本桜草。花の色、模様、形などの変化を楽しみます。私が種を蒔いて育てたこの品種では、花弁に美しい模様が現れました（2007年４月、大阪府吹田市の自宅にて撮影）

だそうです。「南京小桜」という品種は、現存する日本桜草の園芸品種のなかでもっとも古いものと考えられており、江戸時代中期に作出されたと考えられています。こんな歴史を知ると、思わず一句詠んでみたくなりました。

江戸の花　平成の花　さくらそう　（小瓢）

平成になって、自分が種をまいてできた品種が花を咲かせている横で「南京小桜」の花が風に揺れている——そんなゆったりとした時の流れを感じさせる園芸植物です。

近所の花屋さんでお気に入りの花色のプリムラ・ポリアンサを一鉢買って、机の上に置いてみませんか。気ぜわしさが、ちょっぴり少なくなるかもしれません。

ウメ

リタイアしてどこかの田舎に住むとしたら、その庭に植える植物の一つが梅であることは間違いありません。眼によし、舌によし、放置していてもよく咲き、よく実ります。ご存じでしょうか、「捨てづくり」という言葉があるぐらいなのです。とくに手入れをしなくても、知らず知らずに育ってゆき、開花、結実するという誠にありがたい性質です。

「梅干が上手に漬かった年は、その家によいことがある」と、父は言います。どういうことなのかと考えました。梅干がうまくできるということは、その年は梅を漬けるだけの精神的な余裕があるということになりますし、梅の実が塩や赤紫蘇の葉に馴染んで徐々に変化してゆくという穏やかな雰囲気がその家庭にあったということかもしれません。真偽のことはさておき、このような伝承は文化の一つであり、大切にすべきことではないかと思っています。

（学名：*Prunus mume*）早春を告げる梅の花。身を清められるようなすがすがしさがあります。花芽は前年の7月から8月に形成されるので、半年間ほど枝先に留まっていたことになります。

毎年というわけではありませんが、梅干を漬けるようになってから二〇年くらいが経ちます。必要なものは、梅一キログラム、塩一七五グラム、そして赤紫蘇が適量です。きれいに洗った梅の実と塩を大きなガラス容器に交互に入れ、川の上流で拾ってきた大き目の石を重石として上に置きます。丸一日もすると梅の実からたくさんの液（梅酢）が出てきて、梅の実は全部そのなかに入ります。塩で揉んだ赤紫蘇を梅の実と重石の間に入れて蓋をしたあとは、台所の暗い戸棚の中に置いておくだけです。

「土用のころに干さなくていいのですか？」といった質問が出てきそうです。私は、梅の実を干すことをしていません。干さないでもおいしい梅干ができたので、それからは「干さない梅干づくり」をするようになりました。正確には「梅漬け」と呼ぶほうがよいかもしれませんし、梅干の「捨てづくり」ともいえます。

この時期になると、梅の花がきれいに咲きます。三か月余り経つと立派な梅の実ができ、店頭に並ぶことでしょう。一度、私の方法を試されてみてはいかがでしょうか。とても簡単ですから、梅干づくりがずいぶん身近なものになります。

梅干しづくりをはじめたころ、初めて盆梅《ぼんばい》というものを滋賀県長浜市で見ました。人里や里山に植えられて齢を重ねた梅の木を掘り起こして鉢植えにし、何年もかけて養成をして、人の背丈くらいもある大きな盆栽にするのです。半ば枯れ込んだ太く荒々しい幹と、たくさんの花をつけた小枝のコントラストが見事でした。

毎年、一月上旬から三月にかけて「慶雲館」で開催される「盆梅展」にはたくさんの人が訪れています。所狭《ところせま》しと盆梅が並べられた大広間は、ずいぶん底冷えがひどく、足裏が冷たかったことを覚えています。純白から濃い紅まで変化してゆくグラデーション、多様な色を表現している各種の盆梅が競って咲く様《さま》は、もうすぐはじまる本格的な春を予感させるには充分なものでした。

梅は、中国の四川省、河北省の山岳地帯が原産であると考えられていますが、栽培の歴史が長いことから実際の原産地はよく分かっていないそうです。日本に梅がもたらされたのは七世紀の後半であると考えられています。『古事記』（七一二年）や『日本書紀』（七二〇年）には記載されていませんが、七五九年以降に成立したとされる『万葉集』には多く詠まれています。

「盆梅展」が開催される慶雲館
〒526-0067　滋賀県長浜市港町２−５　問い合せ：長浜観光協会　TEL0749-65-6521

35　早春

梅の花　咲けるが中に　含《ふふ》めるは
恋やこもれる　雪を待つとか
（茨田王《まんたのおおきみ》　巻十九の四二八三）

雪の舞う季節にけなげに咲く梅の花、そのなかには、これから花開く蕾が枝先にあり、それを通じて恋の思いを表現しています。『万葉集』には梅を詠んだ歌が一一八首ありますが、もっとも多い萩（一四一首）に次ぐ花となっています。

太宰府天満宮（福岡県）には、拝殿に向かって右側に「飛梅」があります。菅原道真（八四五～九〇三）が九〇一（昌泰四）年に筑紫の太宰府に左遷されたとき、京の都から一晩にして道真の住む屋敷の庭へ飛んできて根付いたという伝説が残されています。

太宰府天満宮の飛梅。原種に近い系統で「野梅系《やばいけい》」と呼ばれます。精神性を付与された植物として興味深い事例となっています（2008年３月撮影）

最初は紅梅だったのですが、途中で白梅に代わり、現在のものは一五代目になるそうです。古木の幹が縦横に彎曲し、人の情念を感じさせます。

拝殿の横には「梅の種納め所」と書かれた案内板があります。そこには、「古来より、天神さまが宿ると言い伝えられております梅の種を粗末にならぬ様に納める所です。天保十五年（一八四五年）正月建立」と書かれていました。建立されてから一七〇年以上が経った現在まで、いったいいくつの梅の種がここに納められたのでしょうか。喜びや悲しみとともに食べられたであろう梅干の種が、この中に何万個も入っているに違いありません。

梅を食べたあとは、種を投げ捨ててはいけない。種が海に流されると大荒れになる——という言い伝えがあります。梅の木、梅の実には、どうやら呪術性が昔から現在に至るまで息づいているようです。

桜の花見と違って、梅の花見には寒さが付き物です。梅の花に誘われて、まだ寒い屋外に出てゆくことにしましょう。冷えた体は、緋毛氈の上で甘酒か熱燗を飲めばすぐに温まるはずです。

ザゼンソウ

比良の山並みは、琵琶湖の西岸に沿うように続いています。比良山地と湖岸の間にＪＲ湖西線が開通したのは一九七四年七月二〇日です。私が高校生で、夏休みに入ったころです。そういえば、当時は「ＪＲ」ではなく「国鉄」といわれていました。

社会人になって、しばらくしてからだと記憶しているのですが、比良山地の北端に近い谷筋を下山しているとき、細い谷筋にザゼンソウの小さな群落を見つけました。もう暑い季節で、背丈は優に一メートルを超えていました。サトイモ科というだけあって、田んぼの縁《ふち》に植えてある里芋にちょっと似た大きな葉が印象的でした。

それから三〇年くらい経った春、ＪＲ近江今津駅の近くにザゼンソウの群落があると知りました。一九八一年、滋賀県高島市立今津中学校の生徒が理科の観察授業のときに発見したようです。

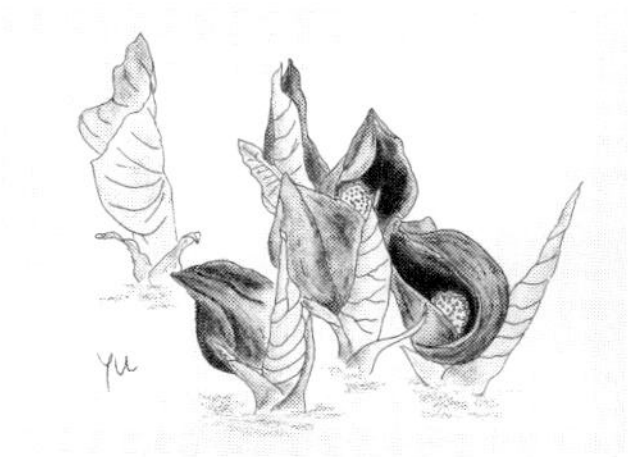

（学名：*Symplocarpus renifolius*）
早春の饗庭野に咲くザゼンソウの花々。黄色い肉穂花序を包み込むような仏炎苞の形は、カマクラの中の子どもたちの姿に似ています。大切なものを抱えるような形がとても愛おしく感じられます。

その後、環境庁の自然環境保全基礎調査の特定植物群落に選定（一九八六年）されたほか、滋賀県自然環境保全条例の緑地環境保全地域にも指定されています（一九八九年）。毎年二月下旬には「ザゼンソウまつり」というお祭りが開催されているほか、「ざぜん草最中」という和菓子まであるとのことでした。

スキーに行った帰りに立ち寄ってみると、人家の横にある竹藪と雑木林に囲まれた清水の流れる湿地に、濃い紫をしたザゼンソウがたくさん咲いていました。背丈は二〇センチくらいです。「座禅草」という命名のとおり、人が座禅をしているような姿です。同じ連想で「達磨草《ダルマソウ》」という別名もあります。この辺りは「饗庭野《あえばの》」と呼ばれる地域です。ザゼンソウは寒い所を好む植物で、饗庭野のザゼンソウは日本における分布の南端にあたります。

それにしても、饗庭野とは何と歴史を感じさせる地名でしょうか。饗《あえ》とは「御馳走」という意味で、「饗宴《きょうえん》」という言葉が現在でもよく使われています。朝廷の御料地で、御馳走の供給場所であったという説があります。「饗庭野に咲くザゼンソウ」と聞くと、その音の響きから何となく上品で洗練された感じを受けてしまいます。そして、古い地名のもつ底力のようなものも感じてしまいます。

ザゼンソウは、前述したようにサトイモ科の多年草で、北アメリカ東岸と日本海を取り巻く地域の湿った原野や谷地に分布しています。よく目立つ紫色の部分は苞《ほう》であり、その形から「仏炎苞《ぶつえんほう》」と呼ばれています。ずいぶんと厚く、一センチくらいはあると思います。建築物のような感じで、恐らく風が吹いてもそよいだりはしないでしょう。シドニーにあるオペラハウスに少し似ているような気もします。

仏炎苞の中の黄色い球形のものは「肉穂花序《にくすいかじょ》」呼ばれ、表面に一〇〇個くらいの小花をつけます。ザゼンソウの肉穂花序は発熱することが知られています。ザゼンソウが花を咲かせる早春の気温は氷点下になることもありますが、肉穂花序の部分は約二〇度に保たれているのです。

温度を色に置き換えて画像にするサーモカメラの写真を見ると、周りが青いのに肉穂花序は黄色く写っていて、温度が明らかに高いことが分かります。この熱により、ザゼンソウの周りの雪が溶けることがあるといいます。また、発熱時の悪臭と熱により、花粉を媒介する昆虫であるハエの仲間をおびき寄せているとも考えられています。人の体は、ご存じのように三六度から三七度に保たれています。それと同じように、ザゼンソウの肉穂花序は、花を咲かせている一週間から二週間の期間、かなり正確に二〇度前後に保たれているのです。

人の顔と同じで、ザゼンソウの花には裏面と表面があります。自分が好きな角度でこちらに向かっている花を探してシャッターを切ります。植物写真というよりも、人物写真を撮るときの気分になってしまいます（2006年４月１日、滋賀県高島市弘川のザゼンソウ群生地にて撮影）

饗庭野《あえばの》の湿地でザゼンソウを観察したとき、歩道の側に咲いている花がありました。あのとき、そっと肉穂花序に触れていれば、ほんのりとした暖かさを感じることができたはずですが、そのときは発熱することを知りませんでした。

どのように発熱するのか、どのように温度をコントロールしているのかということが、岩手大学において研究されています。それによると、細胞内にミトコンドリアという細胞内小器官がたくさん含まれていて発熱に関与していること、そして「ザゼンソウ型温度制御システム」と呼ばれる温度制御システムがあることなどが分かってきました。

これらの研究が進んでゆくと、耐寒性作物の育種、生物原理に基づく新エネルギー変換デバイスの開発につながるのではないかと期待されています。湿地に咲くザゼンソウが科学発展の大きなヒントになっているのです。

それにしても、発熱する黄色い肉穂花序を懐《いだ》く紫色の分厚い仏炎苞、何と素晴らしい造形なのでしょうか。煩悩《ぼんのう》を滅するため、入れるものなら入ってみたいものです。

座禅草　寒風吹けば　熱を出せ　（小瓢）

二月は一年のうちで一番寒い季節で、ややもすると気持ちも冷え込んでくるときです。そんな心の動きに負けず、自らがザゼンソウのように発熱して、生きる力を生み出してゆきたいものです。このような生き方、「ザゼンソウ型生き方」と呼んではいかがでしょうか。

春

かつてコバノミツバツツジが咲き乱れた紫《し》金《きん》山《ざん》公園は、山を赤紫色に彩ったことからその名前がついたようです。放置された里山は荒れてしまいましたが、その後の市民ボランティアの里山管理活動により、美しいツツジを再び見ることができるようになりました。満開のソメイヨシノ（左）とツツジ（右）を眺めながら、暖かい春の日を楽しむ人々です（2008年４月撮影）

レンギョウ

レンギョウと聞くと早春の黄色い花を思い浮かべますが、なんだか花の名前とも思えず、僧侶の名前のように思えたりもします。

細長くしなだれた枝にたくさんの花をつけるレンギョウが身近に咲くようになったのは小学生のときです。四年生の秋に引っ越しをしたのですが、その家の庭に、知り合いからもらった何本かのレンギョウを両親が植えたものだと思います。四年生の終わりごろ、このレンギョウは黄色い花を咲かせていたと記憶しています。たくさんの細い枝に黄色い小花をまばらに咲かせるので、空間に花々が浮かんでいるような気がしました。

レンギョウ属（*Forsythia*）は雌雄異株の落葉低木で、東アジアに八種、ヨーロッパに一種があります。属名は、イギリスの王立植物園の監督官を務めた園芸家のウィリアム・フォーサイス

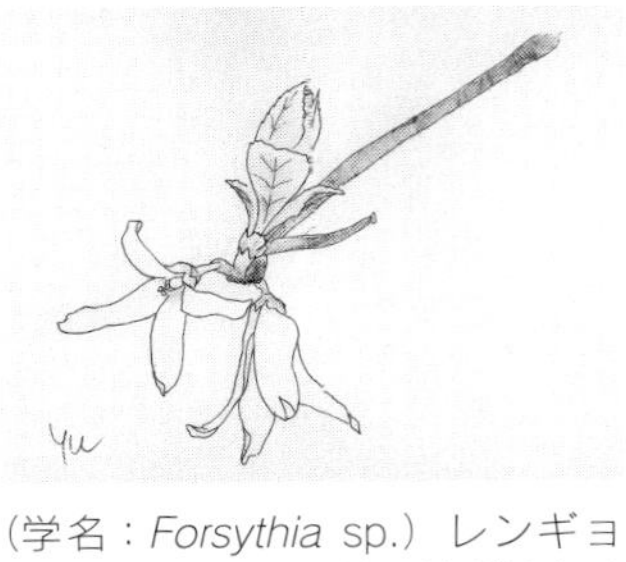

(学名：*Forsythia* sp.) レンギョウの小枝の先に２輪の花が仲良く並んでいます。花は下向きに咲き、４枚の花弁が雌しべと雄しべを春の雨から守っているようです。花の上には新芽が勢いよく伸び始めています。いかにも春の光景です。

（William Forsyth, 1737~1804）にちなんだものです。ヨーロッパの一種である「*Forsythia europaea*」はアルバニアとユーゴスラビアのかぎられた地域に自生する種で、その他の同属の種とは隔離分布しており、非常に興味深いです。

さて、レンギョウ属の種を論じる場合、「レンギョウ」という語が二つの異なる意味に用いられることに注意する必要があります。レンギョウ属を意味する場合と、種としてのレンギョウ（*Forsythia suspensa*）を意味する場合があるのです。置換すれば、「広義のレンギョウ」と「狭義のレンギョウ」と呼ぶことができます。

冒頭に記した私の思い出は広義のレンギョウであり、今となっては、どの種だったかを明確にすることはできません。一般の文学や会話で述べられるレンギョウは、この広義のレンギョウと考えてよいと思います。園芸的に重要な種としては、中国原産の二種、レンギョウとシナレンギョウ（*Forsythia viridissima*）、朝鮮半島原産のチョウセンレンギョウ（*Forsythia koreana*）があります。

狭義のレンギョウは一八三三年に、シナレンギョウは一八四五年にヨーロッパに持ち込まれました。そして、これらの二種は、一八八〇年にドイツで交配され、アイノコレンギョウが作出されました。いくつもの栽培品種があり、花は大きく、多花性になっています。もちろん、日本でも栽培されています。

日本においては西日本に二種の分布が知られています。ヤマトレンギョウ（*Forsythia*

japonica）が岡山県と広島県の石灰岩地帯に自生し、ショウドシマレンギョウ（*Forsythia togashii*）が香川県小豆島の集塊岩上に自生しています。前者は濃い黄色の花を細かい鋸歯のある葉に先立って咲かせますが、後者は緑黄色の花を全縁（鋸歯がない）の葉とともに咲かせます。これらの二種は元々一種と考えられていましたが、その後、研究・検討が進められて別種とされました。

　これら二種の分布域間の距離は一〇〇キロメートル以下しかありません。しかし、その間には瀬戸内海があり、地理的な隔離が種分化を引き起こしたのではないかと推察されます。残念なことに、私はまだこの二種を見たことがありません。これらの種は、派手さはなく、野趣に富むもののようです。ともに岩場に生える様《さま》は、なかなか絵になるのではないかと思っています。野生の姿、ぜひ見たいものです。

　レンギョウは、漢名「連翹」の音読みです。ただし、中国での連翹とは、オトギリソウ科のオトギリソウやトモエソウのことなのです。では、中国で何と呼ばれているかというと「黄寿丹」です。これらの植物は実が薬用とされており、名前が混同されてしまったと考えられています。一度定着した名前は、誤用であれ、修正することができなくなってしまいました。

　彫刻家・詩人として有名な高村光太郎（一八八三～一九五六）の命日が「連翹忌《れんぎょうき》」と呼ばれていることはご存じでしょうか。棺の上に光太郎が生前好んでいたレンギョウの一枝が置かれていたので、このように呼ばれるようになったのです。光太郎の命日は四月二日、誕生日は三月一三日です。ともにレンギョウの咲くころだというのは、単なる偶然なのでしょうか。

広義のレンギョウを増やすには、挿し木で簡単にできます。垂れ下がった枝が地面に付くとそこから根が出るので、取り木も容易に行えます。株立ちになるので、もちろん株分けをすることもできます。

そういえば、韓国に日本の琴によく似た形の「牙箏《アジェン》」という伝統楽器があるのですが、この楽器は松脂《まつやに》を塗ったレンギョウの棒で擦って演奏されるそうです。韓国ではレンギョウのことを「ケナリ」と呼んでいて、日本のサクラ前線のような「ケナリ前線」というものがあるとも聞きました。

ヨーロッパと東アジアの人々に愛されているレンギョウ、春の街で黄色い花を見つけたらレンギョウかもしれません。

シナレンギョウの一叢《ひとむら》です。レンギョウの黄色は遠くからでもよく目立ちます。レンギョウの仲間はヨーロッパでとても愛され、庭園で広く栽培されています。栽培しやすく、美しい黄色がその理由なのでしょう（2015年3月、京都府立植物園にて撮影）

カタクリ

山裾のＪＲ柏原《かしわばら》駅（米原市）から、息を切らせながら登山道を速足で一時間も歩けばカタクリの自生地に到着します。ちょうど時期が合えば、ピンクの反り返った六枚の花弁からなる大きな花が点々と咲いているはずです。時折、写真集などで見かけるような密生した群生ではなく、ポツリポツリと咲いていて、「自然にさりげなく咲いている」という表現がぴったりの所です。四月中旬、落葉広葉樹のまばらな林の中です。ちょうど麓ではソメイヨシノがきれいに咲いています。カタクリの花の咲いている期間はとても短いので、うまく咲いているかどうかは現地に到着するまで分かりません。

カタクリは本州中部以北に多く、北海道、南千島、サハリン、アムール地方、ウスリー地方、朝鮮半島に分布しています。とくに、東北地方や北海道には大きな群落がたくさんあります。四

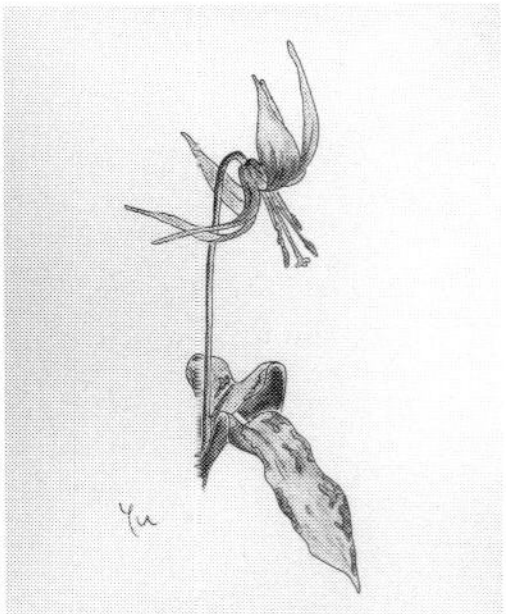

（学名：*Erythronium japonicum*）ピンクの花弁を反り返らせて咲くカタクリの花。春の躍動を感じさせてくれます。ギフチョウが発生する時期と重なり、その蝶が訪れる花としてもよく知られています。

国や九州にも自生していますが、非常に珍しいということです。ちょうど、日本海を取り巻くように分布している植物といえます。

　属名の「*Erythronium*《エリスロニウム》」は、「赤い花を咲かせる」という意味です。たとえば、赤血球のことを「エリスロサイト」と呼ぶのと同じです。リンネ（Carl von Linné, 1707～1778）が記載したヨーロッパ産のエリスロニウム・デンスカニスの花の色により命名されました。この種は、日本のカタクリによく似ています。

　しかし、その後、この属に分類すべき植物で黄色や白色の花をつけるものが北アメリカでたくさん発見されました。「赤い花」というグルー

赤坂山は滋賀県と福井県の県境にあり、「花の山」として知られています。山頂付近にカタクリの小さな群落を見つけました。蕾、花、果実という異なる成長段階を一度に観察することができました。カタクリの発芽・開花・結実のスピードはとても早いのです（2004年５月撮影）

プなのに黄や白の花を咲かせます。ちょっとちぐはぐなことになってしまいました。将来のことを予見して命名するというのは、とても難しいことのようです。

アメリカ・オクラホマ州のビーバーズベンド州立公園の落葉広葉樹林のなかで、黄色のカタクリの花を私は見たことがあります。早春の雑木林の陽だまりに咲く黄色いカタクリは、異国にいることを思わせる自然景観として思い出深いものとなりました。

この州立公園はテキサス州との州境に近く、少し南西にドライブすれば、パリという小さな町があります。何か見所があるというような町ではありませんが、『パリ、テキサス』という映画(ヴィム・ヴェンダース監督、一九八四年)の題名でよく知られています。黄色のカタクリを見たのは、ちょうどこの映画が上映された年でした。年月が流れても、早春の冷気のなかの記憶は不思議なことに鮮明です。

カタクリというとその美しい姿を連想しますが、あと一つ、実用的な側面も見ておく必要があります。本来、片栗粉はカタクリの鱗茎《りんけい》からつくられていたのですが、現在ではジャガイモのデンプンを片栗粉という名前で販売されており、名前と実体に乖離《かいり》があります。学名の命名といい片栗粉といい、可哀想なことにカタクリには、何かちぐはぐさがつきまといます。

カタクリは地下に鱗茎を有する多年草ですが、種子によって繁殖します。最初に発芽した芽生えは線状のか細いもので、二週間程度で消えてしまうそうです。葉は一枚の期間が長く、年ごとに大きくなります。七、八年すると開花に至り、そのころには立派な二枚の葉をつけるようになっています。画のような株になるには、ずいぶん長い時の流れを必要とします。そう考えると、愛おしさもひとしおです。

カタクリの鱗茎は毎年新しくつくられ、前年の鱗茎の下に今年のものができます。ある研究では、地表から二五センチくらいの所に一番たくさんあったそうですから、掘り出すのは大変な作業になりそうです。生育に時間がかかり、掘り取るのが大変となると、「カタクリの片栗粉」が廃れてしまったのも頷けます。

葉には不規則な紫褐色の斑紋《はんもん》があり、柔らかくて、見るからにおいしそうです。八百屋さんで、山形産としてカタクリの芽が売られていました。早速買っておしたしにして食べてみましたが、癖がなく、おいしかったです。東北地方では、山菜として広く利用されているようです。

『万葉集』に、一首だけカタクリが「かたかご」として詠まれていました。

山形県庄内産のカタクリの芽。「天ぷら、おひたし、あえものなどに」と書かれてあり、土中の白い部分もつけてありました。山採りか栽培かは分かりませんが、東北地方では普通に食べられています

もののふの　八十娘子《やそをとめ》らが　汲みまがふ　寺井の上の　堅香子《かたかご》の花
（大伴家持　巻十九の四一四三）

乙女たちが入り乱れて水を汲む寺の井戸の側に咲くカタクリの花、にぎやかにお喋りをしているであろう若々しい乙女たちと、大きなピンクの花をつけているカタクリの花がとても似つかわしいです。光きらめく春の一日を表す光景そのものです。
『花壇地錦抄』（伊藤伊兵衛、一六九五年）に記載されており、庭園に植えて観賞されたという歴史のあるカタクリの花が、春の雑木林の林床にピンクの彩りを添える季節、さて、どこに観に行きましょうか。

アセビ

（学名：*Pieris japonica* subsp. *japonica*）周辺に鋸歯《きょし》のあるやや肉厚の照り葉の上に、口をすぼめたような白花の固まりが乗っかっています。お互いの要素が一つの美に向けて配列されているように感じます。自然の造形のすばらしさを感じさせる植物です。

山歩きをするとアセビをよく目にするはずです。これはひとえに、アセビに毒があるからと考えられています。こんなことを書くと、怪訝《けげん》に思う人がいるかもしれません。しかし、このことは、「風が吹けば桶屋が儲かる」の論法で説明が可能です。

日本各地の野山では、天敵のいないシカがどんどん増えています。シカは草食性ですので、植物の葉や樹皮をたくさん食べます。以前は、シカが植物を食べる量と植物が生育する量との間にバランスがとれていましたが、最近ではシカの数が増えてしまったため、森や林の下草や低木がなくなってしまうという現象が起こっています。

この現象は「シカの食害」（一九ページ参照）と呼ばれ、日本の自然環境を考えるうえで重要な問題となっています。つまり、シカの好きな植物はどんどんなくなり、嫌いな植物だけが残って繁茂するという現象が生じているわけです。

　大学生のころから、シカの多い奈良公園ではアセビがたくさん生えていることが知られていました。それから四〇年後、日本全国において「シカの食害」がこんなにも大きな問題になるとは思いも寄りませんでした。

　林野庁の統計によりますと、二〇一五年の主要な野生鳥獣による森林被害面積は七八〇〇ヘクタールであり、そのうち、シカによる枝葉の食害や剥皮《はくひ》被害が七七パーセントを占めているそうです。以下、ノネズミ九パーセント、クマ七パーセント、カモシカ四パーセントと続きますから、シカによる被害がいかに大きいかが分かります。

　アセビを初めて意識したのは、小学四年生のときに引っ越しをした家の前栽でした。軒先にナンテンとともに植えられていたのですが、雨

かつて歩いたときは、もっと多様な下草が生えていました。現在、林床にはシカの食害を受けないアセビが優占し、多様性の乏しい森に変貌してしまいました（2016年３月、滋賀県米原市霊仙山５合目付近にて撮影）

の当たり方が少ないせいか、枯れはしないもののあまり順調には成長しませんでした。花もあまりつけず、咲いてもひと房かふた房といったところでした。ふるさとの庭にあの木がまだあるのかどうか、今度行くときに確かめてみたいと思います。

アセビは高さ二〜五メートルになる常緑低木で、本州の東北地方以南と四国、九州に分布しています。アセビ属は約一〇種からなる小さな属で、東アジア、北アメリカ東部、キューバに分布しています。アセビは「アシビ」とか「アセボ」とも呼ばれ、漢字では「馬酔木」と書きます。ウマがこの木の葉を食べると、その毒で酔ったようにフラフラすることから名付けられたようです。葉は、中央より先端に近いところがもっとも幅が広くなっていますが、このような形を「倒《とう》披針形《ひしんけい》」と呼んでいます。細かな鋸歯があり、薄い革質で光沢があります。

三月下旬から四月上旬ごろに、たくさんの壺型の白い花からなる円錐花序をつけます。花は長さ六〜八ミリくらいで、下向きにつきます。光沢のある常緑の葉の上にたくさんの花が咲く様子は、遠くからでも、近くに寄っても、味わいのあるものです。興味深いことに、アセビの蕾は前年の夏に枝先につきますので、翌春の花の賑わいを先駆けて知ることができます。

花色がピンクという品種があり、「ベニバナアセビ」と呼ばれています。小学生の高学年のころ、樹高二〇センチくらいの小さなベニバナアセビを買ってもらった記憶があります。そして、一〇年余り前、京都大学の植物園で美しくピンク色の花を咲かせているベニバナアセビに再会しました。白い花とは異なる味わいがあり、これもまた好《この》ましいものです。

アセビの材は堅くて緻密であり、薪炭材、ろくろ細工、櫛、寄木細工などに用いられたそうです。それが理由で、アセビは古くから人々が関心を寄せる木でした。現在、山では増えているアセビですが、これらの需要が少なくなっているようです。

磯のうえに　生ふる馬酔木を　手折らめど　見すべき君が　在りと言わなくに

（大来皇女　巻二の一六六）

『万葉集』には、この歌をはじめとしてアセビが一〇首詠まれています。磯のそばに生えているアセビを手折ってみても、それを見せてやりたい君が生きているとは誰もいってくれない、という心情を詠んだものです。

謀反の罪で処刑された同母弟の大津皇子《おおつのみこ》（六六三～六八六）を偲んで、二上山《にじょうざん》(1)に移葬されたときに大来皇女《おおくのひめみこ》（六六一～七〇二）が詠んだ歌です。頂上付近に大津皇子の墓があるのですが、そこにお参りをしている女性がアセビの枝を持っているという光景を目にしたいものです。

アメリカでは、アセビのことを「Japanese andromedas（日本のアンドロメダ）」と呼ばれることがあります。アンドロメダはギリシャ神話の女王の名で、アンドロメダ銀河はご存じでしょう。*Andromeda* 属はスウェーデンの植物学者リンネ（四七ページ参照）が記載した属で、当初、釣鐘型の花の咲くツツジ類を分類しました。その後、リンネの弟子であるスウェーデンの植物学者であるツンベルク（Carl Peter Thunberg, 1743～1828）が「*Andromeda japonica*」としてアセビを記載しました。分類体系が変更されることはよくありますが、その後、*Andromeda*属の多くの種は他の属に分類されることとなり、アセビは*Pieris*属に再分類されています。アメリカでの呼び名は、昔の属名が一般的な名称として残っていることによります。

アセビが契機となり、日本の森林の大きな問題である「シカの食害」を考えることになりました。多くの人々が、昔のような種の多様性の高い森林を取り戻すための努力を継続的に行っています。春にアセビの花を見たら、日本の森林に思いを馳せてください。

（1）　奈良県葛城市と大阪府南河内郡太子町にまたがる山で、かつては大和言葉による読みで「ふたかみやま」と呼ばれていました。雄岳（五一七メートル）と雌岳（四七四メートル）の双耳峰です。

初めて二上山に登ったのは、40年くらい前になります。雄岳に大津皇子の墓がひっそりとあります。この山は、讃岐石《さぬきいし》（サヌカイト）という石器の原料になる石の産地として有名です。（2015年３月３日撮影）

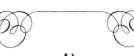

ハナミズキとヤマボウシ

北米原産のハナミズキ（左）（学名：*Cornus florida*）とアジア原産のヤマボウシ（右）（学名：*Cornus kousa*）を対比して描きました。ヤマボウシはハナミズキより１か月ほど遅く咲きます。これらの２種は、共通の祖先から進化したことが証明されており、この画は生物の種がとてもダイナミックに変化することをよく示しています。

ここ何年か足繁く通った京都大学図書館の近くに、とても大きなハナミズキの木があります。四月下旬になると一斉に花を咲かせ、全体が真っ白になるのです。花々は、光を吸収するのではなく、より増幅させて地上に届けているかのようです。四枚の花びらのように見えるのは「総苞《そうほう》片《へん》」と呼ばれるものです。総苞片の中心に花が二〇個くらい固まってついています。「ハナミズキという木には、華やかさと瑞々しさがあると思う」と話すと、「ハナ」と「ミズキ」がくっついた名前だから当たり前だといわれてしまいそうです。

ハナミズキに近縁の植物にミズキ（学名：*Cornus controversa*）があります。ミズキの名は、春の葉を開く季節に水を吸い上げる力が強く、枝を切ると水がたくさん出るからだそうです。何かに名前を付けると、付けられた名前がそのものの進むべき方向性を規定してゆくような気がしてしまいます。名前は、付随的な単なる記号から主体的に意思をもつものに変化するのです。ハナミズキという名前が、この植物の実態をより明確にしたように思います。

このハナミズキ、北アメリカ東部原産の落葉高木です。それゆえ、「アメリカヤマボウシ」という別名があります。一九一二年、東京市長であった尾崎行雄（一八五八～一九五四）はサクラの苗木をアメリカに贈りました。ワシントンDCのポトマック川の河畔に植えられている桜並木がそれです。そのお返しとして、一九一五年にハナミズキがアメリカから日本に送られたのです。よって、「アメリカを代表する花木」といえます。

画には、ハナミズキとヤマボウシを並べて描いていただきました。同じ属に分類されている植物です。ヤマボウシ（*Cornus kousa*）

直線的なデザインの庭にハナミズキが植栽されて、若々しい命を感じます。樹形がシンプルで美しいハナミズキは、大学の中庭に似つかわしいものです。この庭での思索が、世界に情報を発信してゆくのです（2010年４月、京都大学北部キャンパスにて撮影）

のほうは、北海道を除く日本各地、朝鮮半島、中国、台湾に分布する落葉高木です。「山法師」という意味で、球形の花序《かじょ》を僧侶の頭に、白い総苞片《そうほうへん》を頭巾《ずきん》に見立てたものです。比叡山の僧兵の頭と白い頭巾だ、とする説もあるそうです。

私の住んでいる辺りでは五月下旬に花を咲かせます。晩春から梅雨に移行する季節で、気温がやや高く、湿った空気のなかに花を咲かせているという印象があります。一〇年余り前になりますが、里山について「兵庫県立人と自然の博物館」で研究をしていました。何度目かに訪問したとき、博物館の横で満開のヤマボウシを見ました。緑葉の広がる樹冠の上に一〇〇以上もの真っ白な総苞片が散りばめられた光景を、梅雨前の雰囲気とともに記憶しています。

再び画をご覧ください。ハナミズキとヤマボウシでは総苞片の先端の形が異なります。ハナミズキは先端がへこんでいて、ヤマボウシは尖っています。前者は蝶が舞うようなかわいらしい感じ、後者は流線形のようでシャープな感じがします。

葉の展開にも着目してください。花期がひと月ほど違うので、花の咲いているときの葉の育ち具合が異なります。ハナミズキは開花と葉の展開がほぼ同時ですが、ヤマボウシはすでに成長した葉の上に花が咲きます。前者の軽やかさ、後者の重厚な感じは、葉との関係によるところが大きいように思います。

総苞片の中央にたくさんの小さな花がついています。これらを「小花《しょうか》」と呼びます。ハナミズキは一つの小花が個々に独立して果実となりますが、ヤマボウシではすべての小花が複合し、球形の複合果を形成します。この複合果は食用になり、とても甘くて独特の食感があるそうです。私はまだ食べたことがありませんが、機会があれば是非食べてみたいと思っています。

異説はあるものの、ヤマボウシは「柘《つみ》」と呼ばれていたようです。『万葉集』に柘を詠んだ歌がありますので紹介しておきましょう。

この夕べ　柘《つみ》のさ枝の　流れ来ば　梁は打たずて　取らずかもあらむ

（作者不詳　巻三の三八六）

夕べに、もしも天女に化身するという柘の小枝が流れてきても、梁《やな》（魚を捕る仕掛け）をしていないのでその小枝は取れないかもしれない、と詠まれていますが、これは吉野に伝わる柘枝《つみのえ》仙《やま》媛《ひめ》の伝説です。昔々、ある漁師が梁にかかった柘の枝を拾ったところ、枝がみめうるわしい女性（柘媛）に化身して、男と添いました。しかし柘媛は、ある日突然、天に帰ってしまったという内容です。

一つの祖先から進化したヤマボウシもハナミズキも、空を舞うような花をつけます。ひと月の花期の違いがあるので、四弁の特徴的な花を長期間楽しむことができます。そして、ある日突然、柘枝仙媛が舞い降りる依り代となるかもしれません。

ひょっとしたら、これら二種を交互に植栽した並木道がどこかにあるかもしれません。ご存じの方がいらっしゃったら、是非教えてください。

コバノミツバツツジ

(学名:*Rhododendron reticulatum*)
コバノミツバツツジは、花が咲くのと同時に、名前の由来となった3枚の葉が展開しはじめます。ツツジの仲間は多数の花を同時に鑑賞することが多いのですが、少数の花を間近で見ると、新しい造形の美を発見することがあります。

ソメイヨシノが満開となるころ、紫色を帯びたピンクの花々が、日差しの明るい里山の林床《りんしょう》を埋める。その上には、秋にドングリを実らせる高木が若芽を伸ばしはじめている――こんな心躍る光景に出会ったことがありますか。この花々がコバノミツバツツジです。ミツバツツジの仲間は、枝先に三枚の葉が輪生《りんせい》するツツジで、地理的な変異が多く、いくつもの種に分類されています。岐阜県から岡山県に分布し、京都府や兵庫県では、丘陵で普通に見られます。

「木を切って森を育てましょう」

ちょっと意外な表現かもしれません。

「森は木がたくさん生えている所だから、木を切っては森がダメになるのではないの？」

といった声が聞こえてきそうです。たとえば、屋久島のような原生林、あるいはそれに近い森では、落ち葉一枚も拾わないように現状を維持し続けることが森に対するもっとも適切な接し方だと思います。しかし、いわゆる里山においては「そうではない」のです。

里山は人里に隣接しており、薪、木炭などを入手するために、弥生時代から一九六〇年代まで人の手によって継続的に維持管理されてきました。人が介入したことによってつくり出された「人工の自然」が里山ということです。コナラ、クヌギなどのドングリのなる木や、アカマツが里山で優占《ゆうせん》する植物でした。しかし、石炭や石油を燃料とするエネルギー革命が一九六〇年代に起こり、里山は放置されるというケースが多くなりました。

では、里山ができる前はどんな場所だったのでしょうか。種々の研究により、中国地方から関東地方の場合、たくさんの種類の植物が生育する照葉樹林（常緑樹の繁茂する林）であったことが分かっています。里山が放置されて五〇年以上が経過しようとしています。放置された里山は照葉樹林に戻ろうとしますが、単純な種類で構成された林にしか変化できないようです。ツル植物、竹や笹なども繁茂してゆき、人々との交流のない放置された場所になってしまいました。

一九八〇年代後半から市民による里山の管理がはじまっており、社会全体の環境に対する意識が高まっている現在、全国各地において市民、企業、行政がともに活発な活動を展開するようになりました。「木（常緑樹、ツル植物、竹や笹）を切って森を育てる」というのは、その活動の主要な部分となっているのです。

暗い林床にかろうじて残っていたコバノミツバツツジは、常緑樹を伐り取ることによって明るくなった林床で大きく成長し、たくさんの花をつけるようになります。コバノミツバツツジの咲き乱れる林は、私にとって、蘇った里山の象徴的な光景なのです。

コバノミツバツツジの小枝は竈《かまど》などの焚きつけに利用されていたようで、大原女《おおはらめ》が束にして京都の街中で売り歩いていたそうです。そういえば、京都の観光ガイドブックに、そんな写真がよく掲載されていました。一九七〇年代の後半、京都市内で大原女と思われる女性が人力の荷車に野菜を載せて売り歩いている様子を見たことがありますが、そのころには焚きつけの小枝の束は荷車に載っていなかったように記憶しています。

ツツジを漢字で書くと「躑躅」であることはご存じでしょう。読めても書けない漢字の一つでもあります。この漢字は「てきちょく」とも読み、「足踏みすること」という意味だそうですが、その語源は中国にあります。ツツジの仲間にレンゲツツジという種があり、有毒であることが知られています。羊はこのことを知っていて、この花の近くに来ると足踏みした、あるいは誤って食べた羊が足踏みしてうずくまってしまったということから、この言葉がツツジの仲間を呼ぶ名前になったということです。

思ひいづる　ときはの山の　岩つつじ　言はねばこそあれ　恋しきものを

（『古今和歌集』巻十一の四九五）

あなたのことを思い出すとき、口には出して言わないものの、恋しくてたまらないのです。このような意味になるでしょうか、相手のことをツツジの花の美しさに重ねているような気がします。たぶん、利発で清明な女性だったのでしょう。

歌に詠まれている「ときはの山」は、現在の京都市右京区御室双岡町にある名勝「雙ヶ岡《ならびがおか》」あたりと考えられています。観光名所ともなっている「東映太秦映画村」の北東一キロほどの所に位置し、標高一一六メートルという小高い山頂からは洛西の町を見渡すこともできます。雙ヶ岡は三つの丘が並ぶ南北七〇〇メートルくらいの丘陵地帯で、周囲は住宅に囲まれています。二四基の古墳が知られており、「雙ヶ岡古墳群」と呼ばれています。丘陵全体が端正な形をしていて巨大な古墳に思えるくらいです。

現在はシイなどの常緑樹の林やヒノキ林が広がる雙ヶ岡ですが、この歌が詠まれた平安時代

北から南へ．御室の仁和寺、嵐電の「御室仁和寺駅」、雙ヶ岡の一ノ丘、二ノ丘、三ノ丘がほぼ一直線に続きます。今は、多くの建物に囲まれて、街中から雙ヶ岡の全貌を見ることは難しいです。しかし、この歌が詠まれたころは、京の都のランドマークだったに違いありません（2018年３月撮影）

は、どのような場所だったのでしょうか。北には門跡寺院の仁和寺がありますから、人々が頻繁に利用する里山で、コバノミツバツツジが咲き乱れていたのではないかと勝手な想像をしてしまいます。あるいは、コバノミツバツツジはほとんど刈り取られて柴となり、近寄り難い岩場にだけ咲いていたのかもしれません。

　あなたの家の近くに暗い森があったら、放置された里山の可能性があります。ソメイヨシノが咲くころ、その森の端っこの、ちょっと明るい所にコバノミツバツツジの花が少しだけ発見できるかもしれません。もしあったら、適切な里山管理を行えば、その森はコバノミツバツツジが咲き乱れる明るい森に戻すことができます。このような希望をもって、近所の散策をするというのもいいのではないでしょうか。

常緑樹を切り払うと、明るさを好むコバノミツバツツジは大きく成長してたくさんの花を咲かせます。幸せな里山の一日、胡蝶が乱舞しているという錯覚を覚えました（2005年４月、吹田市の紫金山《しきんざん》公園にて撮影）

ハマエンドウ

（学 名：*Lathyrus japonicus*） 羽状複葉とその先端の巻きひげ、蝶のような花は、マメ科の特徴的な姿です。小葉に比べるとかなり大きな花は「園芸種か」と見まがうようです。海岸植物のいくつかは緑化の用途に利用されていますが、ハマエンドウもそのような活用ができるかもしれません。

海辺でしか見ることのできない植物があります。四月か五月の砂浜、波打ち際から少し離れた所に草むらがあれば、紅紫色の豆の花を見つけることができるかもしれません。それがハマエンドウです。漢字で「浜豌豆」と書き、浜に生えるエンドウによく似た植物という意味です。

とはいえ、この花を見たことのある人はかなり少ないでしょう。春に海へ行くのは潮干狩り、夏は海水浴が一般的でしょうから、目的とする所は潮の引いた干潟や海そのものです。わざわざ砂浜の草むらをのぞき込むということは、まずないでしょう。もし、海辺できれいな花を見るなら、夏よりも春のほうがおすすめです。春のほうが咲く花の数が多く、気温も適当で、快適な一日を過ごすことができます。

ハマエンドウは、海岸の砂地にある草原に生える多年草です。茎の長さは数十センチあり、下部は這い、上部は立ち上がっています。葉は八から一二枚の小葉からなり、葉軸《ようじく》の先端は分岐した「巻きひげ」となっています。また、植物体全体が粉白色を帯びています。花は春に咲き、三個から六個の花を総状につけます。直径二センチくらいあり、なかなか美しいものです。群落で咲く様子は、緑葉と紅紫色のコントラストが鮮やかです。その分布は、アジア、ヨーロッパ、北アメリカで、稀に南米のチリにもあるそうです。このように世界に広く分布する植物のことを「汎世界種」と呼びます。

手元に、一〇年前に淡路島の海岸で採集したハマエンドウの種子があります。直径四ミリくらいの、茶褐色をしたほぼ球形の種子です。カッターで種皮を削り取ると、しっかりとした種皮の中に淡黄色の子葉《しよう》が入っていました。このような種子が、海流に乗って分布を広げたと考えられます。海は植物の分布を隔離する場合が多いのですが、逆に分布を手助けする場合もあるということです。

ハマエンドウは海辺でしか見ることができないと書きましたが、正確にいうと、琵琶湖の湖岸に野生していることが知られています。滋賀県彦根市の新海浜《しんかいはま》に群生地があり、県の生息・生育地保護区に指定されています（二〇一四年三月三一日）。ハマエンドウは、「滋賀県レッドデータブック」で絶滅危惧種に指定されている希少な植物なのです。

遺伝子レベルでの詳細な研究がなされており、琵琶湖岸に生えている集団は、海岸に生えている集団に比べて遺伝的多様性が有意に低いことが分かっています。また、琵琶湖の集団は、「遺伝的に分化した陸封型である」と考えられるとのことです。現在の日本列島が形づくられるまでに多くの地殻変動があったわけですが、その過程で、海岸に生えていたハマエンドウが琵琶湖岸に生えるに至ったというのです。

琵琶湖の集団は、「創始者原理」の例と考えられています。創始者原理とは、「種の分布域はたえず拡大、収縮を繰り返している。分布周縁域では、分布の中心から進出した少数の個体（創始者）からなる小集団が形成され、種分化が生じやすい状況を提供している、という考え方」と『生物学辞典』（石川統他編、東京化学同人、二〇一〇年）に定義されています。ちょっと難しい定義です。同じ数の黒と白の碁石が均一に混ざって入っている箱から、目を閉じて数個の碁石を取り出すとき、黒の碁石の割合が常に五〇パーセントになるとはかぎりません。そんなことが生物の世界でも起こるということです。

琵琶湖岸に生えているハマエンドウは、種としては海岸に生えているハマエンドウと同じですが、少数の個体が隔離されて世代交代を行ったので、海岸に生えるものとは異なる遺伝子頻度をもつものになったのです。隔離されたことにより、ハマエンドウという種のなかでの多様性が増大したという、とても興味深い歴史です。

次ページに掲載した写真は琵琶湖ではなく、大阪府泉南市樫井川河口の砂浜にて撮影したものです。砂浜の海岸はもっとも開発の入りやすい所の一つであり、この群落がいつまで維持されるのだろうかと気になります。

ハマエンドウはマメ科のレンリソウ属の植物です。レンリソウ属は世界に約一五〇種ある属で、日本には四種が分布しています。レンリソウを漢字で書くと「連理草」となりますが、この属の代表種であるレンリソウ（*Lathyrus quinquenervius*）の小葉が端正に対生する様子を、男女の契りの深さにたとえられる「比翼連理《ひよくれんり》」になぞらえたものです。

「比翼」とは、中国の伝説上の鳥で、雌雄それぞれが一目一翼でいつも並んで飛ぶといわれます。一方「連理」は、二本の木でありながら枝が連なって一本となり、木目も相通じているといわれます。

レンリソウは有名な種なのですが、

海岸に群生するハマエンドウ。同属にスイートピーがあり、海辺のスイートピーという風情も感じます（2017年４月、樫井川河口の砂浜にて撮影）

私はまだ見たことがありません。川岸の湿地などに生える植物ですが、それだけに人の影響を受けやすく、ずいぶん数が減っていると聞きます。

キバナノレンリソウ（*Lathyrus pratensis*）という鮮やかな黄色い花を咲かせる植物もあります。滋賀県と岐阜県の県境に位置する伊吹山（一三七七メートル）に生えています。夏に登ると、草の生い茂る南向きの急斜面のつづら折りの登山道の横でこの花を見ることができます。

キバナノレンリソウはヨーロッパ原産の帰化植物です。織田信長（一五三四～一五八二）がポルトガル人宣教師に命じて伊吹山に薬草園を造らせたそうで、そのときにヨーロッパから取り寄せた種子で栽培をしたそうです。私たちが見ているのは、四〇〇年以上前に日本にやって来た植物の末裔ということになります。

植物のいろいろな分布拡大を考えさせてくれるハマエンドウとその仲間たち、どうやら歴史についても考えさせてくれるようです。

イセナデシコ

(学名：*Dianthus chinensis* var. *laciniatus*) イセナデシコの蕾から花びらが伸び上がってきました。咲き進むにつれて花びらはどんどん成長し、垂れ下がるようになります。咲き切った花は繊細かつ豪華ですが、開花途中の状態は力がみなぎっていて、違った魅力を感じます。

繊細に切れ込んだ花びらが、五月の空に向かってうねりながら伸び上がる——画のイセナデシコ〈伊勢撫子〉を文章で表すとこのようになるでしょうか。萼《がく》の長さが三センチくらいですから、このときの花びらは四センチくらい伸び上がっていることになります。花びらは、どんどん伸びて、一日後にはずいぶん違った形になっています。蕾から開花に至るまでに著しく形を変え、さまざまな表情を見せる花です。

イセナデシコの存在を私が知ったのはかなり前ですが、それがいつだったのかは正確に分かります。種苗《しゅびょう》会社として有名な「タキイ種苗株式会社[2]」が発行していた半月刊誌〈園芸新知識　花の号〉（一九五一年から一九七九年まで発行）の一九七二年七月号で、当時三重大学教育学部教授であった富野耕治氏（一九一〇～一九九二）が書いたイセナデシコの記事を読んだときです。

当時、私は中学三年生でした。

この月刊誌はもう手元にありませんが、記事のコピーは、一九八八年の秋にタキイ種苗を訪問し、編集者と話をする機会を得たときにいただきました。花びらが細長く切れ込み、曲線を描きながら下垂しています。不思議な花の写真を見たそのときの感動が、その記事を見ると蘇ってきます。

当時、園芸雑誌の紙面には、読者間での種苗の交換や分譲の欄がありました。高校一年生か二年生のとき、それに投稿して、どなたかからイセナデシコの種をいただきました。四〇年以上も経ち、古すぎてもう発芽はしませんが、播き残りの種は今も冷蔵庫に保管してあります。

いただいた種は、木製のトロ箱で大切に栽培しました。トロ箱とは魚を輸送するための箱で、今はプラスチックがほとんどですが、当時は木製が多く、ちょっと魚臭いときもありましたが、植物を栽培する手軽な容器として広く用いられていました。

（2）　一八三五（天保六）年の創業。〒600-8686　京都市下京区梅小路通猪熊東入　TEL：075-365-0123

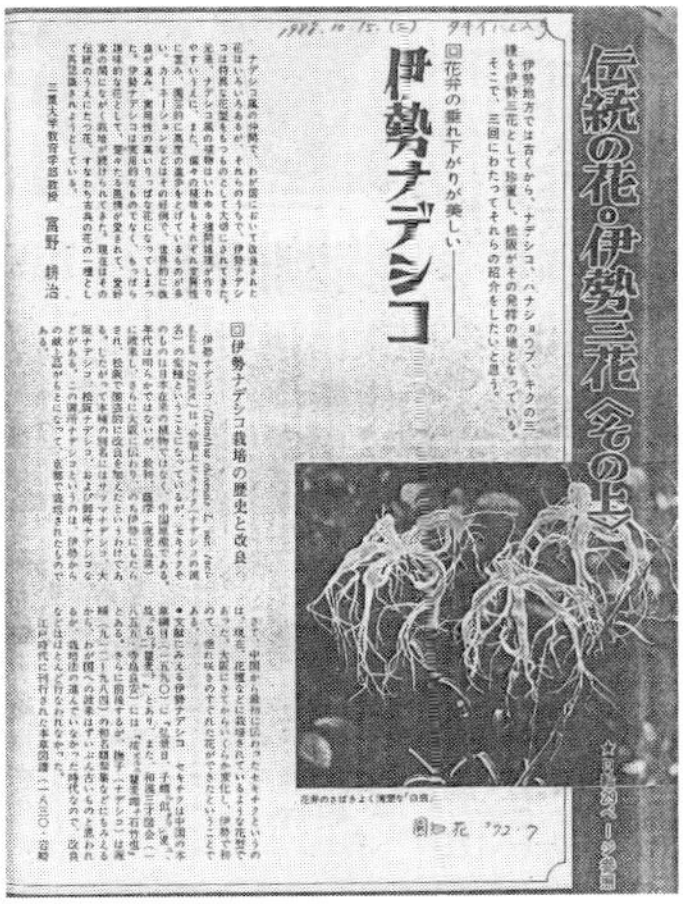
伝統の花・伊勢三花〈その上〉

伊勢地方では古くから、ナデシコ、ハナショウブ、キクの三種を伊勢三花として珍重し、松阪がその発祥の地となっている。そこで、三回にわたってそれらの紹介をしたいと思う。

伊勢ナデシコ

■花弁の垂れ下がりが美しい

■伊勢ナデシコ栽培の歴史と改良

三重大学教育学部教授　富野　耕治

富野耕治氏の記事

トロ箱に何列かに植えたイセナデシコは、順調に成長し、白、桜色あるいは紅色の花を咲かせてくれました。今思えばかなり密植していたので、草丈は三〇か四〇センチくらいと低く、花も小ぶりでした。しかし、この世のものと思えない花を目の当たりにして、イセナデシコという植物の印象が強く心の中に残りました。

イセナデシコはナデシコ属の多年性草本で、花びらが長く垂れさがるという際立った特徴があります。学名は、中国原産のセキチクの変種として命名されています。実は、人が品種改良をした植物なのです。どの野生種を元に改良したかについては諸説あります。セキチクを改良したとする説、日本原産のカワラナデシコを改良したとする説、セキチクとカワラナデシコを交配したとする説です。

こんな背景をもつイセナデシコ、江戸時代後期に伊勢松坂（現・三重県松阪市）に住んでいた紀州藩士の継松栄二《つぐまつえいじ》（一八〇三～一八六六）が作出したとされています。江戸時代後期に出版された岩崎灌園《いわさきかんえん》（一七八六～一八四二）による『本草図譜』（全九六巻）には、「瞿麦《くばく》」の項に、「一種大阪ナデシコ、又伊勢ナデシコともいふ。花大にして縁長く（後略）」と記されています。

私は、大学に入学すると間借りの下宿をしていました。就職後も、独身時代のアパートにはベランダがなかったので、この間は植物栽培から遠ざかっていました。結婚して植物栽培のスペースができると、徐々に植木鉢の数が増えていきました。どうしてもイセナデシコを欲しいと思い、図書館で種苗店の住所を調べて手紙を書いたり、植物園で探したりしましたが、入手することはできませんでした。

そこで、月刊誌〈趣味の山野草〉の種苗交換欄に「イセナデシコを求む」と投書したところ、一九八八年一二月号に掲載されました。ほどなく、三重県松阪市に住むTさんから手紙をいただきました。

Tさんは教師を定年退職された方で、「松阪三珍花保存会」のメンバーとしてイセナデシコを精力的に栽培されていました。一二月に種、翌年の二月には苗をいただきました。苗は5号鉢に定植し、五月には花びらが大きく垂れる素敵なイセナデシコの花がたくさん咲きました。約一五年ぶりとなるイセナデシコとの再会でした。

Tさんを松阪市に訪ねたことがあります。

イセナデシコは、優れた系統を、花数を少なく仕立てると、花弁がずいぶん長く成長します。江戸時代の古典園芸の粋を感じます（2007年5月、自宅にて撮影）。

白花と紅花がたくさん咲きました。鉢を集めて展示すると、まるでイセナデシコの屏風のようです（2007年6月、自宅にて撮影）

松坂城跡を案内していただき、城跡から見た御城番屋敷《ごじょうばんやしき》の整然とした佇まいは強く印象に残っています。そのとき、イセナデシコではなく、松阪市にちなんで「マッサカナデシコ」と呼んでいるという話もうかがいました。

それ以来、イセナデシコを毎年栽培しています。夏越しが困難で、秋に種を播き、春に咲かせるという二年草として栽培しています。二〇一六年の春、何本かの苗を畑に定植してみたところ、うまく夏を越しました。秋に植木鉢に植え戻したところ大株に育ち、見事に開花期を迎えました。多年草としての栽培方法が確立できたか、と思っています。

Tさんが気軽に種と苗を分けてくれたように、私も苗を多めにつくり、園芸に興味のありそうな人にプレゼントするようにしています。すでに、何年にもわたって栽培を続けている友人もいます。

ウラシマソウ

ウラシマソウと聞くと、それだけでお伽噺がはじまるようで浮き浮きとしてしまいます。この植物を知ったのは、『植物の図鑑』（小学館の学習図鑑シリーズ①、本田正次・牧野晩成、小学館）です。一九六六年に発行されたもので、現在も手元に置いてあります。小学校三年生か四年生のときに買ってもらったように記憶しています。

その図鑑の「春の林」というところに掲載されていて、「花序の先は浦島太郎のつり糸のように長くたれている」という解説文と根茎、葉、花の絵が描かれています。一ページに一六種が掲載されていますので、一種当たりはとても小さな絵ですが、強い印象を受けました。

時は流れ、植物そのものとしてウラシマソウを目にしたのは大学生のころです。奈良県と大阪府の県境にある生駒山（六四二メートル）を、東麓の生駒の町から山頂を経て西麓の石切《いしきり》まで歩

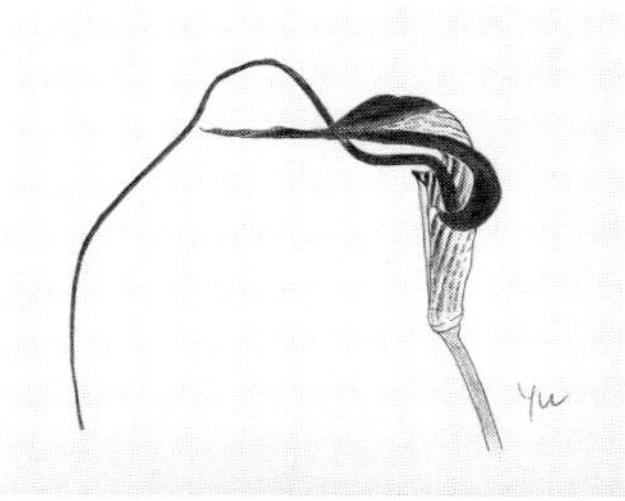

（学　名：*Arisaema thunbergii* subsp. *urashima*）肉穂花序の先端が糸状に細長く伸びます。いったいどういう目的でこのような進化が起こったのでしょう。目的のない単なる進化のいたずらかもしれません。奇妙であり、かつ美しい造形です。

きました。西側の斜面の明るい雑木林のなかに、一叢《ひとむら》のウラシマソウが生えていて、ちょうど花をつけていました。絵で見た不思議なつり糸が心に残っていましたが、現物で三次元の形を目の当たりにして、本当に不思議な花だと感心しました。

　考えてみれば、本で知ってから現物を見るまでに約一〇年が過ぎていました。自らのこだわりというか、執着心に驚くわけですが、この辺りから見る大阪平野の景色にも驚いてしまいました。「これが大阪か！」という展望も一緒に楽しんでください。

　さて、ウラシマソウの花の形を説明しましょう。画をご覧ください。上が開口した筒で、その一部が前方に伸び出しているものが「仏《ぶつ》炎苞《えんほう》」と呼ばれるもので、葉の変形した苞葉《ほうよう》の一種です。仏像の光背《こうはい》の炎に似ているため

生駒山の山頂から南へ2km くらいの所に、暗峠《くらがりとうげ》があります。奈良時代に難波と平城京を結ぶ道として設置された暗越《くらがりごえ》奈良街道の最も標高の高い地点（455m）です。峠付近は石畳になっていて、休日にはハイキングをする人で賑わいます（2014年4月撮影）

にこのように呼ばれます。

　仏炎苞の内側には肉穂花序《にくすいかじょ》があります。多肉な軸に小さな花がたくさん密生したものです。ウラシマソウでは、肉穂花序の先端がとても長く伸びています。これが、浦島太郎の釣り糸です。

　ウラシマソウは、北海道南部から屋久島にかけて自生するサトイモ科の植物です。サトイモ科（*Araceae*）には一〇五属二五〇〇種以上と書かれた文献がありますが、新種がまだたくさん発見されているようなので、現在ではもっと多くの種が記載されていることでしょう。

　温帯の森林によく適応した属で、テンナンショウ属（*Arisaema*）というものがあります。ヒマラヤから東アジアにかけてたくさんの種が分布し、日本には三十数種が分布していま

武庫川の急流を眺めながらハイキングをしていると、森の中でウラシマソウの若い個体を見つけました。このような葉の形を「鳥足状《とりあしじょう》」と呼びます。花だけでなく、葉にも高度なデザイン性を感じます（2004年５月、兵庫県西宮市にて撮影）

すが、ウラシマソウはそのうちの一つです。地下に芋（球茎）をもっています。この属の種は、ウラシマソウのように広い地域に分布する種と、セッピコテンナンショウ（*Arisaema seppikoense*）やアシウテンナンショウ（*Arisaema ovale* var. *ovale*）のように狭い地域にだけ分布する種があります。

また、同じ属の種で、近畿地方と四国のかぎられた所に生えているユキモチソウ（*Arisaema sikokianum*）という植物があります。漢字で書くと「雪餅草」となります。肉穂花序の先端部分は真っ白で、丸く膨らみ、その名のとおりお餅のように見えます。

三〇年くらい前のゴールデンウィーク、剣山（一九五五メートル・徳島県）に登ったとき、低山帯のスギの植林地のなかにポツリポツリとユキモチソウの花を見ることができました。薄暗い林内で真っ白な膨らみをつけたユキモチソウの花を見つけるのはとても心躍る経験で、「カンキソウ（歓喜草）」という別名の意味が実感できました。

そういえば、このときの山行では、山小屋に荷物を運び上げる歩荷《ぼっか》を見かけました。歩荷の男性は、背負子《しょいこ》に荷物を載せて黙々と登っていました。最近では、山小屋への荷物の運搬はヘリコプターが多用されており、歩荷を見ることもずいぶん少なくなりました。ヘリコプターの轟音を聞いて、ちょっと興ざめな感じがするのは私だけでしょうか。

現物を見たことはないのですが、文献によると、台湾にはフデボテンナンショウ（*Arisaema grapsospadix*）という種が自生していて、肉穂花序の先端部分が「筆の穂先」のように枝分かれしているそうです。どうやら、テンナンショウ属の植物は肉穂花序の先端部分をいろいろに変化させる傾向があるようです。

また、この属の植物は性の転換をすることで知られています。生物が増殖するには、有性生殖と無性生殖があります。植物で考えると、前者は種子をつくること、後者は株分けや挿し木をすることなどが挙げられます。有性生殖においては、小さくて運動性のある配偶子と、大きくて運動性のない配偶子が関与します。つまり、雄しべが雄性器官、雌しべが雌性器官ということになります。たとえば、ヤマザクラだと、一つの花に雄しべと雌しべをもっています。一方、キュウリでは、一本のキュウリに、雄しべだけをつける雄花と雌しべだけをつける雌花の両方をつけます。

テンナンショウ属の植物は、芋が小さいころは花をつけません。そして、芋が大きくなると花をつけ、肉穂花序につくのは雄花のみです。そして、芋がさらに大きくなると、肉穂花序につくのは雌花のみとなります。すなわち、成長するにつれて、花をつけない相、雄の相、雌の相へと変化するわけです。また、雌花をつける個体が何らかの原因で芋が小さくなると、雄花をつけるようになることも分かっています。性転換に可逆性があるということです。

小学生のころに記憶に留めたウラシマソウは、外観の不思議さだけでなく、その生活様式でもとても特徴のある植物でした。

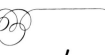

ムベ

小さな島で、ムベがたくさん生えているのを見たことがあります。琵琶湖に浮かぶ沖島《おきしま》は日本で唯一の淡水湖に浮かぶ有人島で、三五〇人くらいの人々が主に漁業を生業《なりわい》として生活を営んでいます。もちろん、幼稚園、小学校、郵便局もありますが、車が一台もないため島内の道路には信号が付いていません。その代わり、一軒当たり一隻以上の船が所有されているようです。

この島には、標高二二〇メートルの蓬莱山があります。琵琶湖の湖面は標高八四メートルですから、湖面から測ると山の高さは一三六メートルということになります。季節が違いますが、二〇一四年九月にこの小山に登りました。山頂からは、木々の間に湖西の山々を眺めることもできます。

放置された里山林で山が覆われているのですが、そこここにムベの姿を見かけました。関西の

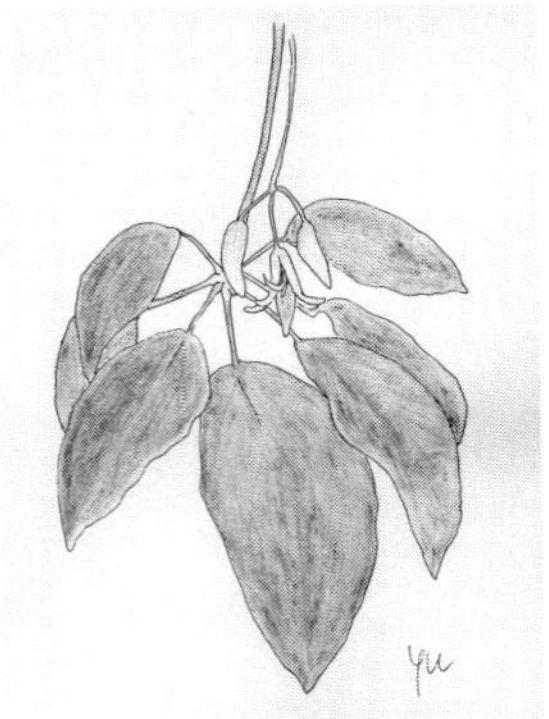

(学名：*Stauntonia hexaphylla*)
生け垣としてムベが植えられていて、花がたくさん咲いていました。どんどん伸びる蔓から常緑で肉厚の葉を出し、房状に花を着ける姿は、熱帯のジャングルに繁茂する蔓植物に似た雰囲気です。

都市近郊の低山を歩くと時折ムベを見ることがありますが、沖島ほどたくさんの個体を一度に見たことはありません。

画は四月のムベの姿です。葉と三つの花蕾が描かれています。ムベの葉は「掌状複葉《しょうじょうふくよう》」と呼ばれる形をしています。葉柄の先に数枚の小葉が放射状につく葉をこのように呼びます。まるで掌《てのひら》のようだからです。

描かれている葉は一つの葉であり、七枚の小葉からできています。ムベの株が小さいときは小葉の数は三枚しかなく、株が大きくなるにつれ五枚、七枚と増えるのだそうです。「七五三」となりますから、古くより縁起のよい植物とされてきました。

ムベはアケビ科ムベ属の常緑性のツル性の木本《もくほん》で、本州の関東地方以西、四国、九州、南西諸島、台湾、中国、朝鮮半島南部に分布

沖島は、うっそうとした森に包まれています。森と琵琶湖の間のわずかの平地に家々が横一列に立ち並んでいます。手前に見えるのは日常生活に使用する自家用船です。対岸の堀切新港からは、島外の人も利用できる定期航路があります。（2014年９月撮影）

しています。例外としては、日本海に浮かぶ飛島《とびしま》（山形県酒田市）にも自生しており、分布の北限であると考えられています。対馬海流によって分布が拡大したと推定されています。ちなみに、よく知られているアケビ（*Akebia quinata*）とは同じ科ですが、属が異なります。アケビは落葉性で、果実は熟すと裂開《れっかい》しますが、ムベは常緑性で果実は裂開しません。

ムベの花は四月から五月にかけて咲きます。雌雄同株で、雌花と雄花は同じ花序につきますが、雌花は数が少ないことが知られています。雌花のほうが雄花よりも大きく、雌花には三本の雌しべが、雄花には六本の雄しべがあります。花弁のように見えるのは萼片《がくへん》で、六枚あります。完全には開かず、半開し先端はそり返ります。萼片の外側は白色で、内側はうす紫色をしています。開花期のムベは、全体的にエキゾチックな感じがします。

ところで、「むべなるかな」という古語があります。「いかにもそのとおりだなあ」といった意味です。植物のムベという名は、この古語から付いたと考えられています。

天智天皇（六二六〜六七二・第三八代）が蒲生野《がもうの》（現・東近江市一帯とされる）へ狩りに出掛けたとき、奥島山（現・近江八幡市北津田町）でとても元気な老夫婦に出会いました。天智天皇が、「汝ら如何に斯く長寿ぞ」と尋ねると、老夫婦は「この地でとれる無病長寿の霊果を毎年秋に食します」と言って、一つの果実を差し出しました。天智天皇はその果物を食べ、「むべなるかな（もっともだなあ）」と得心し、「斯くの如き霊果は例年貢進《こうしん》せよ」と命じたと伝えられています。

それ以後、毎年秋になると同町の住民から皇室にムベが献上されるようになったとされています。平安時代中期に編纂された格式（律令の施行細則）の一つである『延喜式』の三一巻には、諸国からの供え物を紹介した「宮内省諸国例《れい》貢《く》御《み》贄《にえ》」という段があり、近江の国からフナやマスなどといった琵琶湖の魚と一緒にムベが献上されたという記録が残っています。

事実、近江八幡市北津田町から皇室へのムベの果実の献上は一九八二（昭和五七）年まで続き、いったん中断しましたが、「地域の伝統を取り戻そう」という掛け声のもと、地元の宮司らが協力して同町でムベを育て、二〇〇二（平成一四）年から約二〇年ぶりに献上が再開されています。七世紀に起源をもつムベの皇室への献上が、紆余曲折を経ながらも二一世紀にも行われているということは本当にすばらしいことであり、驚きを禁じ得ません。

秋になりムベの実が大きくなりました。この写真の実は薄紫色になっていて、ちょうど食べ頃です（2014年11月、京都府向日市にて撮影）。

ムベの実を縦に割ってみました。黒い種の周りに半透明のゼリー状の甘い果肉があり、これを食べます（2014年11月、自宅にて撮影）

吹くからに　秋の草木の　しをるれば　むべ山風を　嵐といふらむ
（文屋康秀《ふんやのやすひで》　『古今和歌集』二四九）

山から秋風が吹くと、すぐに秋の草木がしおれてしまう。なるほど、だから山風のことを嵐というのだなあ。一〇世紀の初めに完成した『古今和歌集』に載っているこの歌は、一三世紀に成立した「小倉百人一首」にも取り上げられています。この歌の「むべ」は、植物を指しているのではなく「なるほど」という意味の古語ですが、植物名の基となった言葉です。

出典：大石天狗堂、永岡書店発売『百人一首』

私がムベの木をたくさん見た沖島とムベの実を献上している北津田町は、直線距離で五キロくらいしかありません。この辺りは、ムベが多産する地域なのかもしれません。

古語から付けられた「むべ」という植物名は、口に出してみると不思議な音だと思います。物《もの》の怪《け》として知られる鵺《ぬえ》と母音が同じだと気付きましたが、これは単なる偶然でしかありません。

ザクロ

木々の新緑が夏の緑に変化するころ、朱色の鮮やかな花を咲かせるのがザクロです。この花の色は一種独特の艶やかなもので、強い印象が心の中に残ります。日本の伝統的な色彩とは一線を画しているように感じるのです。

小学生のころ、一才《いっさい》ザクロの鉢植えを買ってもらって栽培していました。高さ三〇センチくらいの鉢植えです。花や実の大きさは、庭木で見るザクロより小さなものでしたが、その艶やかな色はまったく同じでした。箒のようにたくさん枝分かれして、所々に花を咲かせていました。釉薬が水色の植木鉢だったように思うのですが、このあたりの記憶はあまり定かではありません。

ザクロは、ザクロ科ザクロ属の小高木です。ザクロ科はザクロ属だけからなり、ザクロ属には二種のみが知られています。つまり、ザクロ科はとても小さな科なのです。属名の「*Punica*」

（学名：*Punica granatum*）ヒョウタン型の蕾がユーモラスなザクロ。葉と萼《がく》は艶々と輝き、花びらは薄く紙質です。異国情緒を漂わせるこの花が咲くと、梅雨入りも間近です。

は「フェニキアの」を意味する「Poeni」に由来するそうで、命名されたころは、現在のレバノン辺りのフェニキアがザクロの原産地であると考えられていたようです。種小名の「*granatum*」は「粒の」という意味で、果実の中にあるたくさんの種子を示しています。

この木は、熱帯から亜熱帯の地域において広く栽培されています。それゆえ、ザクロの野生の分布については特定することが難しく、いくつかの説があります。恐らく、ヨーロッパ南東部のバルカン山脈（ブルガリアの辺り）からインド北部と考えられています。冬寒く、夏は暑いという半乾燥気候の所が元々の自生地です。しかし、雨の多い日本でも元気に育ちます。

ザクロにはいくつかの品種があり、一才ザクロのような矮小なもの、花が八重咲きになったものなどです。高さは六メートルくらいにまでなります。日本では、花や実を鑑賞するために栽培されることが多いのですが、世界的に見ると、果実として生食したり、ジュースの原料として利用されています。

日本でよく見るザクロの果実は直径が六センチくらいで、熟すと果実は不規則に裂けます。豊かな実りの圧力に耐え切れず、はちきれたという感じです。しかし、海外の果物屋さんでよく見かけるザクロの果実は、馴染みのザクロの実より二回りほど大きく、果実は裂けていません。食べるという用途に向けて改良された結果、このようになったのです。

みなさんはザクロを食べたことがありますか。果実の中にはたくさんの種子が入っていて、種子はそれぞれが薄い心皮《しんぴ》で隔てられています。種子の外皮は透明で、たくさんの甘酸っぱい果汁を含んでいます。その薄紅色の透明な外観は、見るだけで喉の渇きを癒やしてくれそうです。

しかし、たくさんの種子があるのでリンゴを食べるようにはいきません。種子の外皮の果汁を飲み込みながら、種子を吐き出さなければならないのです。食べるという行為から考えると効率の悪い果実です。

ところで、ザクロはスペイン語で「グラナダ」といいます。スペイン南部のアンダルシア州にある都市グラナダは、この町でできるザクロにちなんで名づけられたと考えられています。世界遺産として有名なアルハンブラ宮殿のある町です。

ザクロ属のもう一種、プニカ・プロトプニカ（*Punica protopunica*）とはどのような植物でしょうか。ソコトラ島の固有種ですが、この島をご存じの方はまずいないでしょう。インド洋にあるイエメン領の島で、東西一〇〇キロ、南北四〇キロくらい

開花から約5か月が経ち、球形の果実が見事に実りました。（20´2年11月、大阪府吹田市にて撮影）

の大きさです。地図帳で確かめると、アラビア半島の南、ソマリアの東にあります。年間降水量は二五〇ミリでしかなく、とても乾燥した土地です。生物の種類の固有率が高く、「インド洋のガラパゴス」と呼ばれています。一八九六年に報告されたとき、プニカ・プロトプニカはこの島の高地にたくさん生えていたようですが、現在ではヤギやウシの放牧のために絶滅寸前となっており、四本の個体が生き残っているだけだそうです。

種小名が、この植物の性質をよく表現しています。「プロト（proto）」とは「原始」という意味であり、「プニカ（punica）」は「ザクロ」ですから、プロトプニカは「原始的なザクロ」という意味になります。ザクロよりも葉は大きく、花や果実は小さいというのが特徴です。

ツタンカーメン王（紀元前一四世紀）の墓の副室から出土した銀器がザクロをかたどったものであること、ソロモン王（紀元前一〇世紀）の神殿の飾りがザクロ唐草であることが示すように、ザクロはとても古くから人々に知られていました。また中国では、漢の武帝（紀元前二世紀）のときに西域から持ち込まれ、とても尊重されたということです。

日本には平安時代に中国から入ったと考えられていますが、中国ほど詩や絵画に取り上げられることはありませんでした。冒頭に書いた「日本の伝統的な色彩と一線を画す」と私が感じたことが、案外その理由ではないかと想像しています。

ちょっと散歩して、西域の雰囲気を醸し出すザクロの花を探してみましょう。五月はちょうどその季節です。

梅雨

向島百花園は東京スカイツリーから北へ約2kmにある庭園で、分化・文政期に造られました。樹木よりも草花を楽しむという発想で植栽されていて、一般的な庭園とは趣が異なります。まだ一度しか訪れていませんが、四季折々の草花を楽しむために季節を変えて訪れたいと思います（2012年7月撮影）

ガクアジサイ

季節を象徴する花はいくつも思い浮かびますが、「梅雨とアジサイ」以上の組み合わせをもった花はなかなか思い浮かんできません。

不思議なことに、アジサイはサクラの蕾が急に開くような咲き方はしません。葉の色と同化した薄緑色の、花のミニチュアのようなものがだんだん大きくなってゆき、この季節を特徴づける長雨がやって来たころを見計らって薄青く色づくのです。ですから、色づいたころに、急に咲いたように感じることがあります。やはり、アジサイは梅雨とともに急にやって来るものなのでしょう。

子どものころ、通学路に咲いていたアジサイも、京都の東山山麓の法然院に咲くアジサイも、その記憶をたどると蒸して湿度の高い空気とともに思い出されます。日常あまり意識をしていま

（学 名：*Hydrangea macrophylla* f. *normalis*）京都の東山山麓、法然院の参道にガクアジサイが咲いていました。人の背丈をゆうに超す長身で、梅雨の曇り空の下、青空のような色彩がひときわ映えていました。

せんが、人の記憶というのは、画像や音だけでなく、五感で得た多くの情報を総合的にひとまとまりにしてできていることが分かります。

画に描かれたのは一枝の青いガクアジサイ（*Hydrangea macrophylla* f. *normalis*）で、房総半島、伊豆半島、伊豆諸島などに自生するアジサイ科の低木です。たくさんの花が集まっていますが、中心にある小さなものが本来の花です。周りの花は、萼片《がくへん》が大きくなっていて「装飾花」と呼ばれています。この装飾花はとてもよく目立つので、花粉を媒介する昆虫を呼ぶために役立っていると考えられています。

ガクアジサイの「ガク」とは額縁のことで、周辺に並ぶ装飾花を絵の額縁になぞらえたものです。また、属名の「*Hydrangea*」はギリ

法然院は、鎌倉時代の法然らの草庵に由来するといいます。梅雨のはじまりのころ、かなり強い雨の中を参拝しました。人影もなく、新緑のモミジの向こうに茅葺の山門がひっそりと佇んでいました（2010年6月撮影）

シャ語で、「水（*hydro*）」と「容器（*angeion*）」から成っているそうです。水を好むアジサイ、その性質から命名されたのでしょう。

庭や公園でよく見かけるアジサイ（*Hydrangea macrophylla*）は、ほとんどの花が装飾花であり、ガクアジサイに比較すると艶やかな感じがします。アジサイは、ガクアジサイが変化してできたと考えられています。ガクアジサイとアジサイの学名に注目すると、アジサイの学名のあとに「f. *normalis*」という語が付いてガクアジサイの学名になっています。「f.」は、品種（forma）を示しており、ガクアジサイはアジサイの品種であるということを示しています。

しかし、植物進化の観点では、ガクアジサイからアジサイができたと考えられています。つまり、進化の方向と学名の付け方が反対に

このセイヨウアジサイは純白の花を咲かせるタイプで、清楚でありながら豪華さをあわせもっています。日本原産の植物が西洋で改良され、里帰りしたものです（2008年6月、京都市左京区鹿ヶ谷霊鑑寺《れいかんじ》近くの路傍にて撮影）

なっているのです。これは、学名の先取権というルールによるもので、アジサイがガクアジサイよりも早く命名されたことによってこのようになりました。

最近は、紅、白、青などさまざまな色の花をつけたセイヨウアジサイ（*Hydrangea macrophylla* f. *hortensia*）が鉢植えとして販売されています。日本のアジサイは、青い花を咲かせ、結実しない性質です。一方、中国の揚子江沿岸の東部に日本から渡って野生化したものがあり、そのなかに装飾花が多く、結実するものが出現しました。

それを一七八九年にイギリスの博物学者であるバンクス卿（Sir Joseph Banks, 1st Baronet, 1743～1820）が王立キュー植物園（Kew Gardens）に寄贈しました。これを元にして改良が進められ、セイヨウアジサイの多くの品種が作出されました。

アジサイ科に属する植物が、高校生のころの思い出として残っています。学校行事の一つとして、高校一年生の夏に野外活動がありました。高校からバスで二時間くらい北に行った所にある山間のキャンプ場でした。臙脂色《えんじいろ》の体操服を着て、ハイキング、飯盒炊爨《はんごうすいさん》、キャンプファイヤーなどを楽しみました。

宿泊したのはテントと民宿でそれぞれ一泊。民宿の縁側で撮った記念写真が今も手元にあります。夕方の森に共鳴していたヒグラシの声、大きな木を這い登り、点々と白い花をつけていたイワガラミがこの野外活動の思い出なのです。

イワガラミ（*Schizophragma hydrangeoides*）は、アジサイ属に近縁のイワガラミ属の一種で、岩や木に絡みついて伸びる落葉性の蔓《つる》植物です。装飾花の萼片《がくへん》が一枚だけあり、アジサイの四枚とは異なります。ちなみに、種小名の「*hydrangeoides*」は「アジサイに似た」という意味です。

ところで、『万葉集』にはアジサイを詠んだ歌が二首知られています。万葉仮名では「味狭藍」あるいは「安治佐為」と表記されています。そのうちの一首を紹介しておきましょう。

あぢさゐの　八重咲くごとく　八つ代にを　いませわが背子　みつつ偲はむ
（橘諸兄《たちばなのもろえ》　巻二十の四四四八）

アジサイがたくさんの花を咲かせるように、いつまでもお元気でいてください。この花を見るたびに、あなたのことを思うでしょう。といった内容でしょうか、アジサイのたくさんの花々から長く続く時間を表現したものです。ある花を見ることで特定の人のことを思うというのは、とても奥ゆかしい感じがします。

目にする緑葉は日々色濃くなってゆきます。その色が飽和するころ、梅雨の長雨がやって来ます。雨音のなか、アジサイを眺めながらゆっくりと物思いにふけるという行為は、私たちにとって必要なことかもしれません。

ホタルブクロ

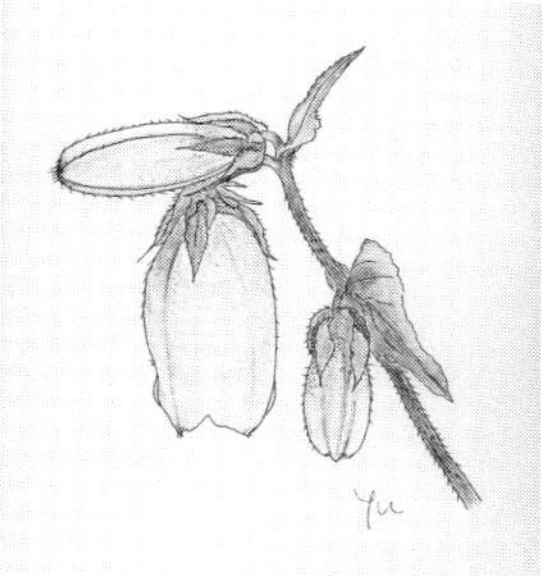
(学名：*Campanula punctata*)
折りたたんである紙風船に息を強く吹き入れると、風船が膨らみます。この画をじっくりと観ていると、そんなことを連想します。ホタルブクロを見て紙風船を発明したのではないかと、勝手な空想をしてしまいました。

京都の北山はたくさんの山々が集まってできていて、複雑な地形を形づくっています。大学生のころ、その山中を蛇行する道をバイクで走ったのですが、その時期は梅雨の真っ盛りでした。道の側に白いホタルブクロの花が咲き乱れていたこと、そして湿り気を帯びた空気の感じを今でもよく覚えています。

このときのバイクは、大学生協の掲示板を見て買った五万円の中古車でした。同じ大学の学生から買ったのですが、当時、私はバイクを運転したことがなかったので、親友の渡辺恵吾さんが時計台前の広場で試乗して、問題がないかどうかを確かめてくれました。あれから四〇年が経っています。

ホタルブクロは、道路脇の切通しのような崩壊地に好んで生える性質があり、梅雨のころに山道を歩いていると、大きな花が目に飛び込んでくることがあります。そういえば、かつて化石の出る森を散策したことがあります。所々で地層が露出していて、一五〇〇万年前の白っぽい貝の化石がそのなかに含まれていました。その森の中に、数本のホタルブクロが花をつけていたのがとても印象的でした。

画をご覧いただくと、ほっこりと盛り上がった飛行船のような蕾や、花の形を確かめていただけると思います。体全体に生えている微小な毛は、この植物のもつ柔らかな感じを一段と強めているようです。

ホタルブクロは、北海道南西部から、中部地方を除く本州、四国、九州、朝鮮半島、中国、シベリアに分布する多年草です。大きなものでは草丈が八〇センチくらいになりますが、二〇センチに満たない小型のものもあります。花の大きさは、草丈の大小とあまり関係がないようで、花筒の長さは五センチくらいです。小さな個体が五センチもある花をぶら下げている様子は、まるでお伽噺の挿絵を見ているようで微笑ましいものです。属名の「*Campanula*《カムパヌラ》」は「ちいさな鐘」を意味しており、英名の「ベルフラワー」も同様の意味です。和名は「蛍袋」で、捕まえたホタルを袋のようになっているこの花の中に入れるということに由来しています。

かつて叔母と話したとき、昔、ホタルブクロの花の中にホタルを入れて遊んだという話を聞きました。私自身にはそのような経験がないので、とても新鮮な話として聞きました。読者のなかには、叔母と同様の経験をおもちの人がいらっしゃるかもしれません。

梅雨前線が上空に居座っているせいでしょうか、原稿を書いているこの日はまとまった雨が降っています。ホタルブクロの花の形に思いをめぐらせていたのですが、その花の形の意味を自分なりに理解したような気がしました。

そういえば、幼いころに見かけた虚無僧《こむそう》の深《ふか》編笠《あみがさ》に似ているなと気付きました。長雨の続く季節に咲くこの花は、深い筒のような花弁を発達させ、その開口部を真下に向けて開花するという方法を見いだしたのではないでしょうか。このように花を咲かせると、雌しべや雄しべに直接雨が当たりにくくなり、蕊《しべ》（花の生殖器官）が損傷されるリスクが軽減され、受粉の確率が向上すると思います。受粉は、トラマルハナバチのようなハチが担っているそうです。

「雌雄異熟《しゆういじゆく》」という言葉があります。あまり馴染みのない言葉ですが、一つの花のなかの雌し

研究のために足繁く通った京都大学の道端に、一群れのホタルブクロが咲いていました。地下茎で旺盛に繁殖するので、群生することがよくあります（2008年6月撮影）

べの先にある柱頭の受粉可能時期と、雄しべの先にある葯《やく》の花粉放出時期が異なる現象です。つまり、同じ花においては受粉ができないという仕組みです。

　遺伝的な多様性を維持するには、別の個体との間で受粉を行い、種子をつくることが有利であると一般的には考えられています。そのため、雌雄異熟のような仕組みが発達したと考えられます。ホタルブクロにおいては、まず雄しべが成熟し、花粉をつけた状態で開花し、その花は雄として機能します。その後、雄しべが機能を失った後に雌しべが成熟して、雌として機能します。ホタルブクロのようなタイプを「雄性先熟《ゆうせいせんじゅく》」と呼んでいます。

　深編笠のようなホタルブクロの花びらを萼のところから切り取ると立派な筒になります。身近なものでいうと竹輪《ちくわ》のような形です。人を含めて、多くの生き物は竹輪のようだと思うことがあります。竹輪は、円柱に孔が空いていて表面に凹凸があります。人も同様に、体の中に口、食道、胃、そして腸へと通じる管が一本通っています。概観すると、人と竹輪は、一つの固まりに孔が開いているという意味で同じつくりをしているといえるのではないでしょうか。

　身長が高くてスマート、顔立ちが素敵だというようなことは、竹輪でいえば長さや表面の凹凸がちょっと違っているということになります。人と竹輪を比較して考察を進めると、人は取るに足りないことにずいぶん気を揉んでいるようにも思えます。長雨の薄暗い空の下、空想がいつもより広がりすぎたかもしれません。さて、今年はホタルを見ることができるでしょうか。

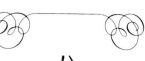

ハンゲショウ

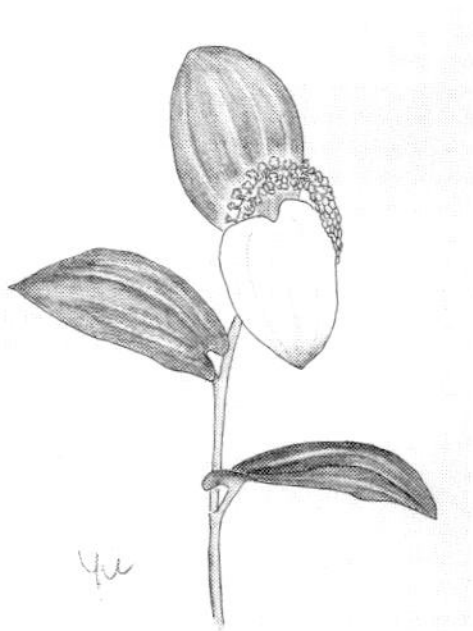

(学名：*Saururus chinensis*)
端正な草姿をしたハンゲショウ。茶花として好まれるのがよく分かります。梅雨のさなかの茶室にこの花が活けてあると、涼しい風が吹き込んでくるに違いありません。

ハンゲショウと口に出すと、なにか呪文のような感じがしてしまいます。重厚な呪文ではなく、軽やかな呪文です。漢字で書くと「半夏生」となります。半夏生とは、旧暦の雑節《ざっせつ》の一つで、夏至から一一日目のころを指します。このころに茎の上部の葉が白くなるので、この植物を「ハンゲショウ」と呼ぶようになったそうです。

雑節としての半夏生はあまり一般的ではありませんが、「物忌《ものい》みの日」とする地域が全国にあるようです。「物忌み」とは、祭りのためや災いから免れるために一定期間食事や行動を慎み、不浄を避けて家内に籠もることですが、関西地方の一部には、半夏生にタコを食べるという習慣があるそうです。

最近、兵庫県明石市では、半夏生のころにすべての市立小学校で明石ダコを使った料理を提供しているそうです。明石はタコの産地として有名ですが、子どものころから郷土の食べ物に親しみをもたせるようにしようという試みでしょう。半夏生とタコの関係について、真偽のほどは分かりませんが、ちょうどこのころに田植えを終えたイネが、タコが吸盤で吸いつくようにしっかりと根付くことを願ったものではないかという説があります。

画を見てください。葉の一部が白く変化している様《さま》がお分かりでしょう。春に地下茎から芽生え、どんどん成長し、何枚もの葉をつけます。そして、半夏生のころには、動物の尻尾のような花穂が出てきます。花穂の下にある葉の表面が真っ白なのでよく目立ちます。昆虫に花のありかを示すものとして発達したと考えられています。

葉の片面だけが白いので「片白草《かたしろぐさ》」とも呼ばれています。この白さ、まるで白粉《おしろい》を塗っているかのようです。葉の一部を残して白くなるので、「半化粧《はんげしょう》」とも言われます。

ハンゲショウは本州の関東地方以西から南西諸島を経て、中国、フィリピンまでの低湿地に自生している多年草です。ドクダミ科に属する植物で、属は異なりますが、湿った空き地や路傍に雑草として生えるドクダミとは近縁の植物です。ハンゲショウ属は、アジアに一種、北アメリカに一種だけが知られており、二種からのみなる小さな属です。

中学生くらいのとき、兄が一枝を家に持ち帰ってきたのですが、これが最初にこの植物を見た記憶となっています。走っている電車の窓から線路の脇に白いものを見つけ、電車から降りて確かめに行ったということでした。動いている電車から人目を惹くのですから、ハンゲショウの白い葉の効果はたいしたものだといえます。

大阪の万博記念公園の庭や、東京の向島百花園《むこうじまひゃっかえん》の庭で見たハンゲショウは、背景とよく合い、印象に残るものでした。前者は、通路沿いに造られた小さな湿地に植えられ、後者は園内のかなり大きな池のほとりに群生していました。

一〇年余り前から、京都府内を流れる宇治川の河川敷の植物を調べています。雨や上流にあるダムからの放流などで、川の水位は大きく変動します。いつもなら水のない湿った場所でも、水位が上昇すると膝まで水に浸かってしまうような所です。高さが三、四メートルくらいになるヨシやオギの大群落になっていて、そのなかに細い「踏み分け道」が頼りなげについていています。

このような河川敷に、ぽつりぽつりとハンゲショウが自生していています。いろいろな所に植栽されて人の目を楽しませているハンゲショウも、元々はこのような場所に生えていたのでしょう。ちなみに、この川の河川敷は自然がよく残っていて、現在はあまり見られなくなっていますが、元々は河川の

向島百花園で、江戸時代の文化趣味の残る庭園と植物を観賞しました。この季節のハンゲショウは、池のあるエリアの主役です。庭の向こうに望まれる東京スカイツリーとともに、江戸の粋を感じました（2012年７月撮影）

氾濫原に生えていた植物がたくさん残されている貴重な場所なのです。ちなみにこの辺りは、日本造園学会のランドスケープ遺産の一つとして「宇治川河川敷のヨシ原」(「夏」のトビラ写真参照)として登録されています。

ハンゲショウの花に着目してみましょう。先にも少し書きましたが、「総状花序《そうじょうかじょ》」と呼ばれる、動物の尻尾のような形に小さな花が穂になってつきます。画にあるハンゲショウは花が咲きはじめたころですが、花穂がしなだれています。花は穂の下から上へ咲き進みますが、それにつれて、花穂はまっ直ぐに立ち上がるようになります。写真では、ほとんどがまっ直ぐな花穂になっています。

一つの花をよく見ると、中央に雌しべが一本、その周りに六本の雄しべと一枚の苞葉からできていて、花弁や萼《がく》はありません。シンプルな花で、とても原始的な構造であると考えられています。分類上、とても離れた裸子植物のグネツム類との関係が考えられる花の形だそうです。

北アメリカ大陸の東海岸の湿地に分布するもう一種、アメリカハンゲショウ(*Saururus cernuus*)は、現地では「Lizard's tail(トカゲの尻尾)」と呼ばれています。花穂をトカゲの尻尾に見立てたものです。このアメリカハンゲショウは、葉が白くなりません。本来ならば「ハンゲショウ(半化粧)」と名乗れないような気もしますが、深く詮索することはやめておきます。

ササユリ

少しガスのかかった標高一〇〇〇メートルのなだらかな稜線は、膝くらいの高さの笹に覆われていました。ポツリポツリと薄桃色のササユリの花が咲いて、稜線を吹く風に揺れていました。大学二年のとき、梅雨のさなか、七月初めに親友二人とともに比良山地に登りました。大学で借りた、ずいぶんくたびれて染みのついた綿製の寝袋を持参し、無人の山小屋に泊まったという山旅です。稜線に揺れるササユリは、そのときに見た光景です。

昆虫の好きな友人とバイク好きな友人との三人旅でした。夏休みを目前にした、一番解放感のあったころです。梅雨のこの時期は、林冠《りんかん》に飛び交うゼフィルスというとても美しい蝶がいるかもしれないと教えられ、蝶との出会いを期待しての山登りでした。ゼフィルスとは、森林性の強いシジミチョウの仲間で、美しい翅《はね》をもつものが多く、日本では二五種が知られています。

（学名：*Lilium japonicum*）柔らかな曲線で構成されたササユリの花。梅雨のさなかの晴れ間に、山道での突然の出会いでした。古くからユリといわれたのはササユリであったと考えられています。

光を透過するほどきれいな緑葉の林を、樹上に注意をしながら歩きました。しかし、残念ながら、林の中を飛び交うゼフィルスを見つけ出すことはできませんでした。その代わり、登山道の横にある直径五メートルくらいの小さな池の中に、一匹のアイノミドリシジミというゼフィルスが浮かんでいました。すでに息絶えていましたが、青緑色のキラキラ光る翅をもったとても美しい蝶でした。

この色は、色素から発したものではなく、光の干渉によって生じる構造色というものだそうです。見る角度によって発色が大きく変化します。

山上の建物は、びわ湖バレイロープウェイの山頂駅です。比良山地は、堆積岩あるいは花崗岩でできています。基盤になる岩石により植生が変わります。花崗岩地帯に発達した雑木林ではツツジ科の植物がよく見られます（2013年6月撮影）

このときの蝶は昆虫好きの友人が大切に持ち帰って標本にし、今も彼の標本箱の中にあるはずです。このとき、もし二匹の蝶が池に浮かんでいたなら、もう一匹は私が持ち帰っていたと思います。ササユリの咲く稜線とゼフィルスの輝く翅、四〇年以上前の「一対の思い出」として鮮明な記憶が残っています。

さて、ササユリは、本州の中部地方から九州にかけての低山地に自生する日本固有のユリです。ササの葉によく似た葉をもったユリ、という意味です。実際、山道でササとササユリはよく似ていて、見分けにくいものです。でも、よく観察すると、ササユリの葉には薄緑から濃緑へのグラデーションがあります。この違いを頭に入れておくと、笹原の中からササユリの判別がしやすくなるはずです。

ササユリの学名は、先に記したように「*Lilium japonicum*」です。まさに、日本のユリを代表するものといえます。西日本の里山（里山放置林）に見られる植物であり、現在、広く行われつつある里山放置林の管理において、この花を増やそうという目標を掲げている活動があります。林床を覆うササを刈ったり、林内の常緑樹やツル植物を伐採するのです。

一方、ヤマユリは、東北地方から関西地方の山地に自生する種類ですが、以前調査した東京都町田市での里山管理活動においては、ヤマユリを増やそうという目標を立てて同様の活動が行われていました。

ユリの仲間は光を好みますので、林床《りんしょう》が明るくなると増殖するという性質があるのです。人目につく大きな花をつけるため、里山管理を推進するうえでの「シンボル植物」としても活用されています。ただ、人目につくということは、野山において人の手で乱獲されやすいということにもなります。手折られたり、球根を掘り起こされたりすることも多いかと思います。非常に残念なことです。画のモデルとなったササユリの横には、「盗らないでください。みんなで鑑賞しています」と手書きされたプレートがぶら下がっていました。

霧が濃くてご来光は拝めませんでしたが、山頂からの帰り道でクルマユリの花を見つけました。(2005年8月、白山の標高2600メートル付近にて撮影)

ともしびの　光に見ゆる　さ百合花　ゆりも逢はむと　思ひそめてき
（内蔵縄麻呂《くらのなわまろ》　『万葉集』巻十八の四〇八七）

ともしびに見えている百合の花、また後でお会いしたいと思いはじめました。淡い恋のはじまりの様子なのでしょう。「ゆり」には「後で」という意味があるのです。とてもきれいな言葉だと思います。この言葉が現在まで残らなかったことは残念です。

言葉における多様性というのは大切な気がします。失われてしまった日本の昔の言葉を現在に蘇らせることができたら楽しいだろうなと、この文章を書きながら思ってしまいました。

ユリの仲間（ユリ属）には約一〇〇種が北半球で知られており、そのうちの一三種が日本に分布しています。掲載した写真は、石川県の白山（二七〇二メートル）で撮影したクルマユリです。寒冷な気候を好み、一部の葉が輪生することが特徴となっています。写真では、四枚の葉が一か所から出ている様子が分かります。

高い山では、強弱を問わず風が吹いていることが多いものです。この写真を撮るときも、ずっと動く花を前にして、シャッターチャンスを待ち続けました。ユリは細長い茎の先に大きな花をつけるため、風が吹くとよく揺れるのです。「ユル」という言葉から「ユリ」という名になったという説があるぐらいです。

霧の中、風に揺れながらユリの花が咲く――梅雨から夏は、山々でそんな姿が見られる季節なのです。

マタタビ

立山黒部アルペンルートを楽しんだ帰りに富山で買ったのが、マス寿司とマタタビ酒です。緑色の陶製の大きめの徳利で、中央に黄色の釉《うわぐすり》でマタタビの果実が二つ描いてありました。このお酒は薬草酒で、残念ならが私の口には合わず、ずいぶん長い間、家の棚に置いたままとなりました。もう三五年くらい前のことです。

野山でマタタビを見つけるには、何といっても梅雨時が一番です。そのころになると枝の先にある葉が白くなり、遠くからでもよく目立つからです。梅雨時は木々の緑が本当に美しく、雨やジメジメした空気を気にしなければ山歩きには最適の時期だと思います。

沢沿いの道を歩いていると、流れの向こう、他の木々に覆いかぶさるように白い葉をたくさんつけたマタタビが所々に繁っている――このような記憶が、いくつかの山行でありります。マタタ

(学名:*Actinidia polygama*) マタタビの葉(左)、雄花(中央)、雌花(右)。雄花は、雌花に比べるとずいぶん大輪で、たくさんの雄しべのついた5弁の花は白い梅によく似ています。

ビのある風景と梅雨時の空気感が一緒になったものです。

五年前、宇治茶の産地として有名な京都府宇治田原町を散策しました。ちょっと薄暗い農道を歩いていたとき、道端に白い花がたくさん落ちて輝いていました。上を見ると、ちょうど手が触れることのできる所にマタタビの蔓《つる》が繁茂していて、花盛りでした。

「ナツウメ」という別称があるように、白い梅のようなとても美しい花です。雌花と雄花の区別があり、雌花は小さく、雄花はかなり大きいものです。雌と雄の花の大きさの違いは、花弁の有無によるものです。雌花には花弁がなく、大きな子房と萼《がく》が目立っています。

このときは何枚もの写真を撮り、落花をいくつか大切にいただいて帰りました。マタタビの花を初めて見たときの印象が、いまだに強く心に残っています。

貴船川から貴船神社へと長い参道が続いています。参道の両側には、朱塗りの灯籠が規則正しく建てられていて美しいです。夏、すぐそばを流れる貴船川沿いには京都名物の「床」が並びます（2017年6月撮影）

ちょうど梅雨の頃、貴船川の渓流沿いを歩いていたら、向こう岸の斜面に葉を白くしたマタタビの木を見つけました。夏の終わりにこの木の所に行けば、たくさんの果実を見つけることができるかもしれません（2011年7月撮影）

マタタビは、北海道から本州、四国、九州および東アジアに広く分布する蔓性の木本です。雄株と両性株があります。私が花を観察した株は両性株で、一本の木に雌花と雄花がついていました。

マタタビは蔓になり、方々に枝を伸ばします。樹形を適切に保つことは困難であり、植栽するには不向きだと思います。蔓にならないマタタビがあったなら、梅雨時、白い葉と白い花を楽しむことができる庭木としてずいぶん重宝されただろうなと残念に思っています。

マタタビという名の語源には諸説あるようです。疲れた旅人がこの実を食べて元気になり、また旅を続けることができたというのが一番よく知られている語源かもしれません。そのほか、アイヌ名の「マタタンプ」に由来するという説もあります。一方、貝原益軒（一六三〇〜一七一四）は『大和本草』において、マタタビは「またつ実」の意味であるとしています。二つの実という意味で、マタタビが普通の果実と虫こぶになった果実という、姿が大きく異なる二種類の実をつけることに着目した説です。

梅雨入りしたころ、マタタビの花がたくさん咲いているのを見つけました。写真の花は、大輪で雄蕊がたくさん見えるので雄花です。下向きに咲いている花を見上げて撮影しました（2013年6月、京都府宇治田原町にて撮影）

マタタビの果実は、普通、長楕円形をしており先端が尖っています。長さは二、三センチくらいで、黄色く熟します。しかし、マタタビミタマバエが幼果に卵を産むと、「マタタビミフクレフシ」と呼ばれる不整形の丸型の虫こぶができます。マタタビにおいては、虫こぶのできる確率がとても高いので、貝原益軒が記したように、二種類の果実があるという考えが生じたのでしょう。このようなマタタビの果実、普通のものも虫こぶも、食用や漢方薬として広く活用されています。

マタタビというと、「猫にマタタビ」という言葉を連想する人が多いでしょう。私自身は猫を飼ったことがないので実感としては分かりません。人づてに聞いた話ですと、マタタビを嗅ぐと猫はとても興奮したり、よい気持ちになったように見えることがあるそうです。これは、ある種の化学物質をマタタビが含んでいるためで、マタタビラクトンやアクチニジンといった物質が猫の中枢神経に作用するために起こる現象だそうです。ただ、ずいぶん個体差があるのではないかとのことでした。

ほかの使い方もあります。爪研ぎにマタタビの粉末を振りかけておくと、猫が一生懸命に爪とぎをしてくれるようです。このようなマタタビの効果、猫だけでなくライオンやトラのようなネコ科の動物に対してもあるそうで、とても不思議なことです。

マタタビ属には、マタタビ以上に人とのかかわりのある植物があります。キウイフルーツです。ご存じのように、果実は褐色の毛で覆われていて、果肉は鮮やかな緑色をしています。キウイフルーツは、中国中南部から台湾にかけて分布するオニマタタビ（*Actinidia chinensis*）をもとに改良されたものです。原産地においては、オニマタタビは食用や薬用として古くから活用されていました。

二〇世紀の初め、キウイフルーツはニュージーランドで盛んに品種改良がなされ、一九三〇年代から商業生産が開始されました。世界での生産量は、一位が中国、二位がイタリア、三位がニュージーランドとなっています。

マタタビもキウイフルーツもよく知られたものですが、それらがとても近縁の植物であることはあまり知られていないようです。

夏

宇治川には、多様な植物が生育する貴重なヨシ原が残っています。写真のヨシ原では、春先に前年に伸びたヨシの地上部を機械で刈り取り利用しています。このヨシ原にはオギも生育していてパッチ状に住み分けをしていることが分かります。春、夏、秋と季節のうつろいに応じて色彩が変化します（2007年7月撮影）

ツキミソウ

夕方、暗くなってくると、真っ白な四枚の花びらをつけたツキミソウの花が静かに開きます。暗闇のなかでもほんわかと見えるから、闇のなかの微弱な光を精いっぱい反射しているに違いありません。ひょっとしたら、花そのものが発光しているのではないかとさえ思えてきます。草姿に比べて大きな花、少女の髪に翻る大きなリボンのようにも見えます。

午前零時ごろにこの花を観察すると、花びらがほんのりと薄紅色になっていることに気付きます。本当に薄い紅です。そして翌朝、花はすっかりしぼんでしまい、濃い紅色に変わっています。半日の間に開花から閉花に至り、足早に過ぎ去ってゆく花です。だからでしょう、ツキミソウを見たことのある人は意外と少ないはずです。

ツキミソウは、アカバナ科のマツヨイグサ属に属するメキシコ原産の二年草で、江戸時代の終

(学名：*Oenothera tetraptera*)
春から夏に変わりゆくころ、ツキミソウは花を咲かせます。左はついさっき開いた真っ白な花、右は前夜咲いた花で、しぼんで紅色になっています。

わりごろに観賞用として渡来したと考えられています。繁殖力や適応力が弱いので、帰化植物として野生化することはほとんどありません。しかし、丁寧に栽培すれば、毎年花を見ることができますから、もっと広まってもよい花卉《かき》だと思います。

学名の種小名において、「tetra」は「四」、「ptera」は「花びらや翼」という意味です。「四枚の花びらをもった」という、見たとおりの名前をもっています。どういうわけか、私はこのようなシンプルな花に惹かれてしまいます。

マツヨイグサ属は約一二〇種からなる属で、南北アメリカ大陸にのみに自生しています。その分布の中心は、メキシコ北東部からアメリカ・テキサス州南部です。そういえば、三五年ほど前、テキサス州南部の都市アルパイン（Alpine）の夕暮れ時、見慣れないマツヨイグサ属の植物を見たことがあります。黄色い、直径五センチくらいの花を咲かせている草丈二〇センチくらいの種で、花弁の先が少し尖っていました。

アルパインは、ロサンゼルスとニューオリンズを結ぶ「旧サザン・パシフィック鉄道」のサンセットルート（Sunset route）が通る田舎町です。砂漠に移行してゆく半乾燥地域です。あのときは、そこがマツヨイグサの仲間の中心分布地だとは知りませんでした。辺りを詳しく調べれば、いろいろな種が見つけられたことでしょう。アルパインから南に一五〇キロほどドライブすると、アメリカでも有数の広さを誇る「ビッグベンド国立公園（Big Bend National Park）」があります。この国立公園の南縁はリオグランデ川であり、川の向こうはメキシコです。

アルパインを訪問したころより一〇年ほど遡れば、私はまだ高校生で、自転車に乗って通学をしていました。高校は大きな川の対岸にあったので、毎日その川を渡っていたのですが、その川の土手に鮮やかな黄色のオオマツヨイグサ（*O. glazioviana*）の大輪がそよ風に揺れていました。

この種は、北アメリカ原産の植物をもとに、ヨーロッパでできた園芸植物であると考えられています。明治初期に日本に輸入され、帰化植物として定着しました。しかし、生育する個体数が減少していることが知られています。高校生のころはよく見かけましたが、現在ではあまり見かけません。「減少しつつある帰化植物」といえます。

しかし、二〇〇九年の夏、近所にある家の玄関の横でオオマツヨイグサが咲き乱れているのを見つけたのです。「種ができたらいただけませんか」とお願いしてみたところ、後日、たくさんの果実がついた枝をいただきました。秋に早速種を撒き、冬越しした株が二〇一〇年六月に花を咲かせました。掲載した写真は、最初の花が咲いた夜に撮影したものです。その方には、お礼としてツキミソウの苗を差し上げました。

オオマツヨイグサが減少していく一方で、メマツヨイグサ（*O. biennis*）というやや小さな花を咲かせる種が増加しています。なぜ、このような交代現象が生じるのか、ということが研究されています。その結果、オオマツヨイグサの種子は土壌中で生きている期間の短い季節的埋土種《まいどしゅ》子《し》集団（季節的シードバンクともいう）をつくり、開花するには株の大きさがある一定以上になる必要があり、芽生えてから開花に至るまでに数年かかる場合があるということが分かったそうです。一方のメマツヨイグサは、長時間生きている永続的埋土種子集団（永続的シードバンク）をつくり、発芽するとすぐに開花するそうです。

この二種は、姿は似ていても生活史が大きく異なっており、それが原因で個体数の減少と増加が起こっているのではないかというのが結論です。

ここでは、アメリカ生まれのマツヨイグサ属の植物をいくつか取り上げました。日本において、どのように生活しているのかを比較してみると、それぞれの個性があってとてもおもしろいです。日本という新天地でどんどん数を増やしているメマツヨイグサ、かつてはたくさん生えていたのに、最近ではずいぶん数が減っているオオマツヨイグサ、そして、人の庇護のもとで栽培植物として生きているツキミソウ。環境が違えば、この三種のありようも変わるかもしれません。

この原稿を書いた夜、ベランダをのぞいてみました。我が家のツキミソウとオオマツヨイグサは、残念ながら花をつけていませんでした。翌日の夜、ベランダが明るくなることを期待して床に就きました。

オオマツヨイグサが黄色い大きな花を咲かせました。直径が8センチメートルくらいで、4枚の花弁が重なり合い、とても豪華な感じがしました（2010年6月、自宅にて撮影）

スナビキソウ

夏の日本海は思った以上に暑く、波打ち際から少し離れた砂浜に、淡い緑色の葉と白い花が見えました。ムラサキ科の特徴的な花、「あっ、スナビキソウだ」と思いました。図鑑でその姿を見ていたので、すぐに分かりました。二〇〇〇年ごろのことですが、新潟の砂浜でこの植物と初めて出会ったのです。

画を見ていただくと、白い五弁の筒型の花で、花びらの中央がくぼんでいることが分かります。花の中央部は黄色く彩色されていて、柔らかい毛で包まれた薄緑の肉厚の葉と相まって柔らかな感じがします。

スナビキソウはムラサキ科の多年草で、漢字で書くと「砂引草」となります。海岸の砂浜に自生しており、長い地下茎が砂の中を伸びて繁殖をするからこのように呼ばれています。北海道、

（学名：*Argusia sibirica*）海岸の砂浜に咲くスナビキソウ。アサギマダラを強く惹き付ける力をもっています。植物と昆虫の特異的な結び付きとして、とても興味深い花です。

本州、四国、九州、朝鮮半島を経てシベリア、そしてヨーロッパにも分布しています。

野生植物の多くの種が、生育する地域の環境破壊や人の採集によって個体数が減少し、その地域において絶滅したり、絶滅しそうな状態になっています。このような植物を、それぞれ「絶滅種」、「絶滅危惧種」と呼んでいます。スナビキソウもその例にもれず、いくつかの県で絶滅の恐れがあり、新潟県においては「準絶滅危惧種」に分類されています。海岸が、海と陸の境目という一次元的な土地であるがゆえ、山林のような二次元的な土地よりも環境破壊が行われやすく、植物を採集するのも容易であるといえます。

一方、海岸に生える植物の多くは、種子を海水に浮かべて散布させるという性質をもっています。海岸の植物はとても広い地域に分布する種の多いことが知られており、「コスモポリタン（広域分布種）」と呼ばれています。スナビキソウも種子を海水に浮かばせる性質があるそうですから、絶滅した土地でも、海流で種子が運ばれてきて再び生育するという可能性があります。

スナビキソウを初めて見てから数年後の六月、「渡りをする蝶を見に行こう」と友人に誘われて淡路島の「松帆の浦」にやって来ました。砂浜には、懐かしいスナビキソウがたくさん咲いていました。よく見ると、その花にアサギマダラ（*Parantica sita*）という大きな蝶がとまって蜜を吸っていました。目が慣れてくると、たくさんのアサギマダラがいることが分かりました。ヒラヒラという感じの、ゆっくりとした動きで飛んでいました。

アサギマダラ（浅葱斑）はタテハチョウ科の大型の蝶で、名のとおり、翅の鮮やかな斑模様は、浅葱色（ごく薄い藍色）、黒色、褐色の明確な色分けで構成されています。学生のころ、湖西の比良山や京都の北山で見かけたことがあります。

最初に見たとき、その不思議な色模様に驚きました。あまりにも日本の野山には相応しくない色合いだと思ったのですが、日本画で克明に描くと、とても日本的な作品になりそうな気もします。

このアサギマダラ、渡り鳥のように「渡り」をする蝶の代表格ともいえます。南西諸島や台湾という南の生息地と、日本本土という北の生息地をもち、春に北上、秋に南下するという渡りをしています。この長距離移動が初めて確認されたのは一九

淡路島の最北部にある松帆の浦は、古来より歌枕として知られています。小倉百人一首には、その選者である藤原定家の歌として、この地を題材とした歌が撰ばれています。「来ぬ人を　まつほの浦の　夕なぎに　焼くや藻塩の　身もこがれつつ」（2007年11月撮影）

八一年です。蝶の渡り調査は、「マーキング（標識）」といって、翅に油性ペンで識別記号を書き込んで行います。掲載した写真は、友人に教えてもらいながら、捕虫網で捕まえてマーキング（「AWJ HM4」と書き込みました）した例です。記録ノートには、この標識、標識地、標識日、標識者などを記録しておきます。

マーキングした蝶を再捕獲すると、同様の記録をとります。マーキング時と再捕獲時の情報を比較すると、その蝶の移動についての知見を得ることができます。できるだけたくさんのマーキングをして、できるだけたくさんの再捕獲をすることにより、より詳細な渡りの実態をつかむこと

マーキング（標識）をしたアサギマダラ。再捕獲されれば、蝶の渡りの実態把握に貢献できます。しかし、再捕獲されるのは１％くらいだそうです（2007年６月、兵庫県淡路市の松帆の浦にて撮影）

ができるのです。また、これらの情報は「アサギネット」のような掲示板に登録し、検索することもできます。誰でも、簡単にアサギマダラの渡り情報にアクセスすることができるのです。

一例を挙げておきましょう。二〇〇四年五月六日に奄美大島住用村にてマーキングされたアサギマダラが、一一日後の五月一七日に兵庫県三木市において再捕獲されていました。

アサギマダラには特別に好む植物があるようで、スナビキソウには北上時の五月から六月にかけてよく飛来します。雄のアサギマダラが必要とするフェロモンをつくるうえで、スナビキソウに必要な物質が含まれているからだと考えられています。白いタオルをグルグルと回すと、アサギマダラが集まってくるといいます。機会があれば試してみてください。

「スナビキソウには、かすかに良い香りがする」と、〈週刊朝日百科　植物の世界21〉（二一二八二ページ）にあります。これまではその香りに気付きませんでした。スナビキソウと属は異なりますが、近縁《きんえん》の種にヘリオトロープ（香水木）がありますから、芳香であることに間違いはないでしょう。

キキョウ

キキョウは秋の花、そう思われている方も多いことでしょう。でも、五月雨《さみだれ》桔梗《ききょう》という表現があるように、案外早い時期から花を咲かせるのです。秋に咲くキキョウは、開花シーズンの終わりごろに咲く花ということになります。

キキョウの記憶を探ると、小学生のころに登ったふるさとの低い岩山にたどり着きます。日照りの続く真夏の岩山は暑く、背丈の低い草原《くさはら》は水不足で少し萎れていたのですが、そのなかにキキョウの花が所々に咲いていました。庭などでよく見るキキョウよりはひと回り小輪で、ひょろ長い茎の先に一つだけ花が咲いていました。

キキョウは、国内では北海道から琉球諸島まで、海外ではシベリア東部、朝鮮半島、中国に分布する多年生の草本です。根は太く成長し、土の中に垂直に入っています。茎は高さ四〇から一

（学 名：*Platycodon grandiflorus*） 7月上旬、梅雨の盛りに咲いたキキョウの花。五角形の端正な星型の花で、花色は紫色よりも明るく「桔梗色」と呼ばれます。平安時代から使われてきた色名だそうです。

〇〇センチになり、先端に一つあるいは数個の花をつけます。葉は面白いことに、輪生（一か所から葉が三枚以上つく）、対生（一か所から葉が二枚つく）、あるいは互生（一か所から一枚だけつく）と、三種のつき方を見ることができます。また、茎や葉は、傷付くと白い乳液を出すことが特徴となっています。ちなみに、タンポポ、ガガイモやニシキソウの仲間も同様に白い乳液を出します。

学名の「*Platycodon*」とは「広い鐘」、「*grandiflorus*」は「大きな花」という意味を示しており、特徴のある花の形から命名されています。キキョウ属は「キキョウ」という一種からのみ成り、近縁の異なる種はありません。このような属を「単型属」といい、よく似た仲間がいない「独りぼっちの種」ということになります。

庭に植えたキキョウは、たくさんの蕾をつけていましたが、まるで折り紙の紙風船のようでした。英語名は「Balloon-flower」といい、直訳すると「風船花」となります。開花直前になると紙風船は桔梗色になり、それを指でつまんで潰すのが楽しかったことを覚えています。小さな「ポン」という破裂音を聞いたように記憶していますが、ひょっとすると、それは幻聴だったのかもしれません。

『万葉集』にある、山上憶良（六六〇?～七三三?）の有名な歌を紹介しましょう。

秋の野に　咲きたる花を　指折り　かき数ふれば　七種の花　（巻八の一五三七）

萩の花　尾花葛花　なでしこの花　をみなえし　また藤袴　朝貌《あさがほ》の花　（巻八の一五三八）

これらの歌から「秋の七草」という概念ができ上がりました。奈良時代に詠まれた二首の歌が、今なお日本人がもつ文化を規定していることに驚きを感じます。

ところで、七つ目の花である朝貌《あさがほ》とは何か、ということが長い間論議されてきました。候補として挙がったのは、ムクゲ、アサガオ、ヒルガオ、キキョウなどです。

朝貌は　朝露負ひて　咲くといへど　夕影にこそ　咲きまさりけれ

（作者未詳　巻十の二一〇四）

アサガオは、朝露がついて咲くというけれど、夕日のなかの姿こそより美しいものですね、といった内容です。となると、この「朝貌」は朝も夕も咲いていることになります。この歌をはじめとして、いくつかの歴史的考証により、「朝貌」はキキョウであるということが通説となっています。

キキョウは絶滅危惧植物であることが知られています。先にも述べたように、絶滅危惧植物とは、自然環境下において徐々に数が減っていて、将来の絶滅が危惧されている植物のことです。キキョウが絶滅に向かう要因としては、園芸用の採集、草地植生の遷移、草地の開発などが挙げられています。

野生のキキョウを撮影した場所は、兵庫県加古川市東神吉町の、平荘湖《へいそうこ》を取り囲む小高い岩山の中腹でした。表土が浅く急斜面なので遷移が進みにくいほか、開発の手が入りにくいことが幸いし、二〇〇九年の再訪時も、一九七〇年代前半とほぼ同じような植生が保たれていました。

一方、この岩山の麓にあたる部分は傾斜が緩くて道路に面しており、当時は草丈が膝から胸くらいの草原《くさはら》でした。採草か火入れにより、草原として維持されていたのだと思います。『万葉集』にも詠まれ、ススキなどに寄生することで有名なナンバンギセル（南蛮煙管、*Aeginetia indica*）を初めて見つけた思い出の場所ですし、オミナエシ、ホソバリンドウ、ツリガネニンジン、ワレモコウなどがたくさん生えていて、植物好きの高校生にとっては最高の場所でした。

野生のキキョウの生育状況。所々に岩盤が露出する表土の浅い急斜面に、ヒサカキ、マルバハギ、マツ、ネザサなどと共に生えていました。果実がかなり大きくなっていて、その先端に枯れた花弁が見えます（2009年９月撮影）

このような人里近くの草原《くさはら》で、採草や火入れなどの人為が頻繁に加わる場所を「里草地」といい、そこに好んで生える草を「里草」と呼びます。ここに挙げた里草は「秋草」としても親しまれてきた植物たちです。生け花、絵画、工芸などでもお馴染みで、昔から日本人の身近にあり、人々が心の中で慈しんできた花々でもあります。

しかし、この緩斜面の草原は、二〇〇九年の再訪時にはほとんど手入れがされていないモウソウチクの竹藪になっていて、多様な里草の世界はまったく見当たりませんでした。恐らくこのモウソウチクは、表土が比較的厚いこの土地に誰かが持ち込み、繁茂したものと思われます。

キキョウは乾燥に強く、乾いた岩山の急斜面に生育していたものは生き残りました。でも、他の里草とともに生えていたものは消滅してしまったのです。我々日本人の文化の一部を形成する里草を育んだ草原がなくなると、心の中の里草もなくなってしまいそうな感じがします。少しでいいから、里草の生える草原を維持したいものです。そのような行為こそが、日本文化を守ることになるはずです。

平荘湖は1966年に造られた人造湖で、外周が約5kmあります。100基ほどの古墳が分布しており「平荘湖古墳群」と呼ばれ、その3分の1程度は湖底に水没しています。周辺の山々は流紋岩質溶結凝灰岩でできているため森林が発達しにくく、「禿山」のようになる場合が多いです（2009年9月撮影）

ムジナモ

京都市伏見区・宇治市・久御山町にまたがる場所に、かつて巨椋池《おぐらいけ》という大きな池がありました。規模からいえば「湖」と呼ぶほうがふさわしいくらいの池で、周囲は何と一六キロ、水域面積は八平方キロメートルもあったのです。元々は宇治川の遊水地として形成されたのですが、長年にわたる改変によって宇治川から切り離され、その後の干拓によって大きく変貌しました。現在は、広々とした農地になっています。

干拓が完成したのが一九四一年ですから、八〇年近くが経過しています。干拓前、この地域の水草が植物学者である三木茂（一九〇一～一九七四）によって詳細に調べられ、当時は水草の宝庫であったことが分かっています。その頂点ともいえる植物がムジナモでした。巨椋池はもうありませんが、この池に生えていたムジナモは、その土地の人々により栽培が続けられ、現在もそ

（学 名：*Aldrovanda vesiculosa*）
ムジナモの一節だけを切り取り、その断面を細密に描くと、普通に栽培している時には見えない姿を鮮明に見ることができました。それぞれの葉の先端にある二枚貝のような部分が捕虫葉です。４本の突起が動物的な印象を与えます。

の末裔が元気に生きています。

二〇〇九年三月、この地域の植物を研究されている京都教育大学の坂東忠司教授からそのムジナモをいただきました。我が家では、二つのバケツで大切に栽培しています。

ムジナモは根をもたない多年性の水草で、アフリカ中部から西部、ヨーロッパ中部から北部、シベリア南東部、日本、インド、インドネシアのティモール島、オーストラリアに点々と分布しています。この植物が広く知られているのは、何といっても虫を食べるという食虫植物の一つであることによります。

ムジナモは、その名のとおり、全体の姿がムジナ（貉、アナグマやタヌキなどのことを指す）の尻尾のような形をしています。六枚から九枚程度の葉が輪生して一つの節となり、成長につれて節の数が増えて、フワフワとした尻尾のよ

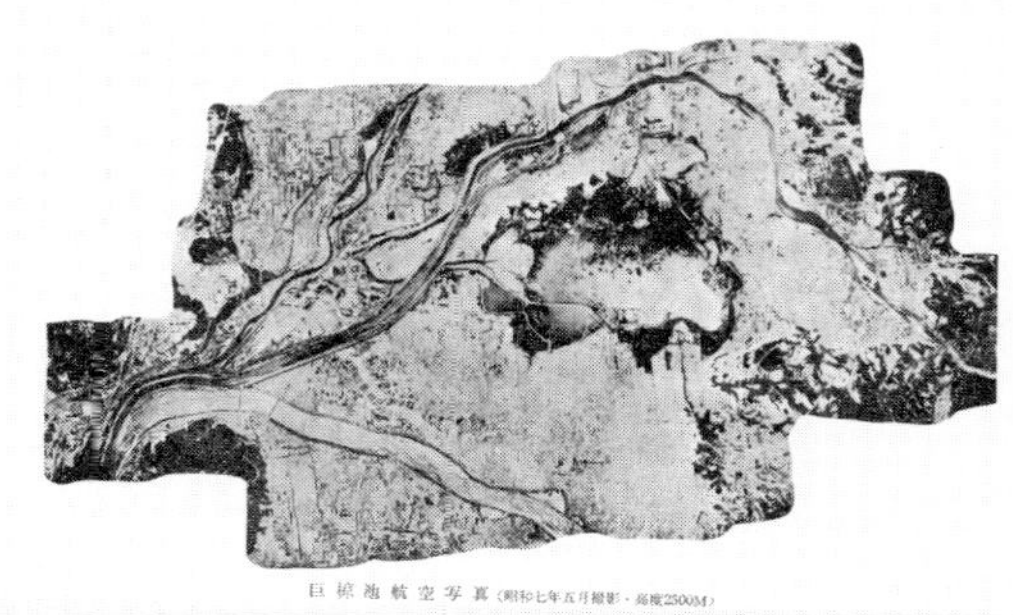

巨椋池が干拓される前、1932年に撮影された航空写真です。中央の黒く見えているのが巨椋池です。北から、桂川、宇治川、木津川が写真の左側で合流しています。巨椋池は、1933年から1941年にかけて干拓が行われ農地になりました（出典：「巨椋池干拓誌 追補再版」宇治市槇島町巨椋池土地改良区、1981年）

うな感じになるのです。画を見れば、葉の輪生する様子が分かるかと思います。九枚の葉が輪生していて、クルクルと回っている風車のようです。

葉の先端、二枚貝のような部分が葉身です。葉身の内側に水中の小さな生物が触れると「運動帯」と呼ばれる部分が内側に曲がり、葉身が閉じられます。葉身の内側には消化腺があり、消化酵素を分泌して、分解された養分を吸収します。

ムジナモを日本で最初に発見したのは、「日本の植物学の父」と呼ばれている牧野富太郎（一八六二～一九五七）です。一八九〇（明治二三）年五月一一日、現在の東京都江戸川区北小岩井四丁目辺りにヤナギの実の標本を採るために来ていたそうです。

牧野がヤナギの枝を折りつつ、ふと水面に眼をやると、見たことのない植物が水中に浮遊していました。東京帝国大学の植物学教室の研究者に見せましたが、それが何かを即答できる人はいなかったそうです。ふと、矢田部

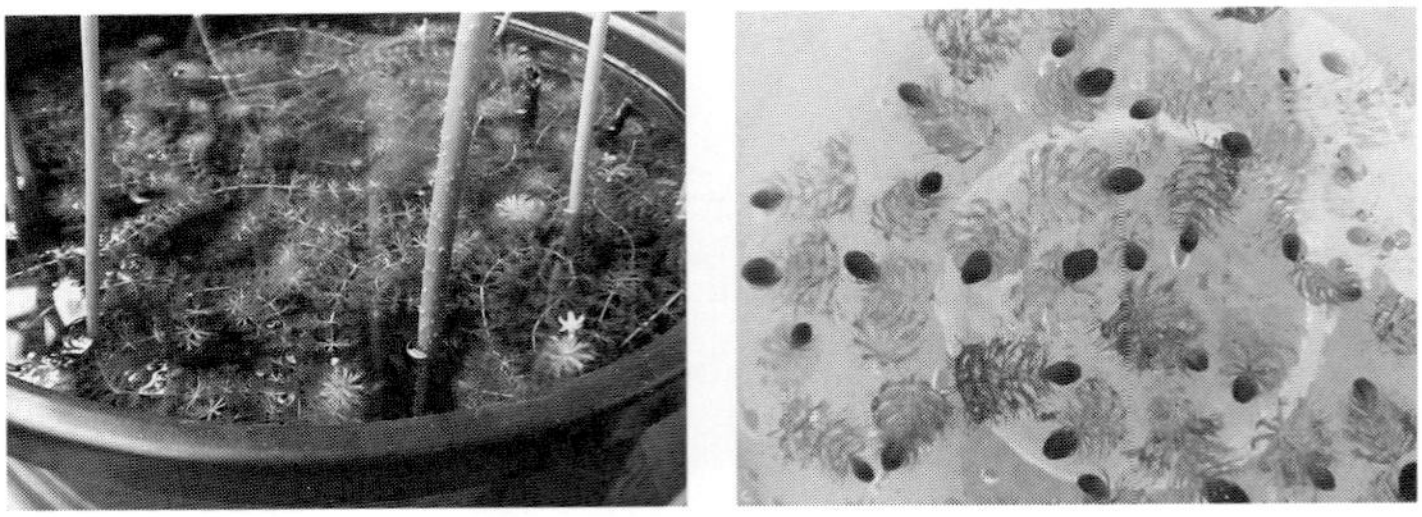

ムジナモは多年草であり、寒くなってくると節の間隔が短くなり緑色の玉のような冬芽（殖芽《しょくが》）をつくります（右）。ムジナモを栽培してみると、理由はよく分かりませんが、元気さに波があります。調子がよいと盛んに分岐し、個体数が増加します。そして、白く清楚な花をつけることがあります（左）
（左は2013年７月、右は2013年11月に大阪府吹田市にて撮影）

良吉教授（一八五一〜一八九九）が洋書に記載されていることを思い出し、調べてみたところ「*Aldrovanda vesiculosa*」であることが分かったそうです。

牧野富太郎はムジナモのいろいろな部位を詳細な写生図に描いて、「植物学雑誌」に発表しました。彼の写生図には立派に開いた花の画が含まれていたのですが、それが欧州の学者には珍しく感じられたようで、世界的な植物分類学の書籍である『Das Pflanzenreigh《ダス・プランツェンライヒ》』（一九〇〇年〜一九五三年）に転載されました。この専門雑誌は、ドイツの植物学者であるアドルフ・エングラー（Heinrich Gustav Adolf Engler, 1844〜1930）らが監修したもので、その第二六巻（一九〇六年）の六〇ページにムジナモの図が掲載されています。全体図といくつかの部分図からなりますが、花に関する部分図六点が「Makinoから再掲」として用いられています。牧野富太郎の誇らしい気持ちがよく分かる気がします。

三木茂が巨椋池でムジナモを発見したのが一九二五（大正一四）年一月二四日ですから、牧野による東京での発見から三五年が経っています。巨椋池の冬季の調査において、直径

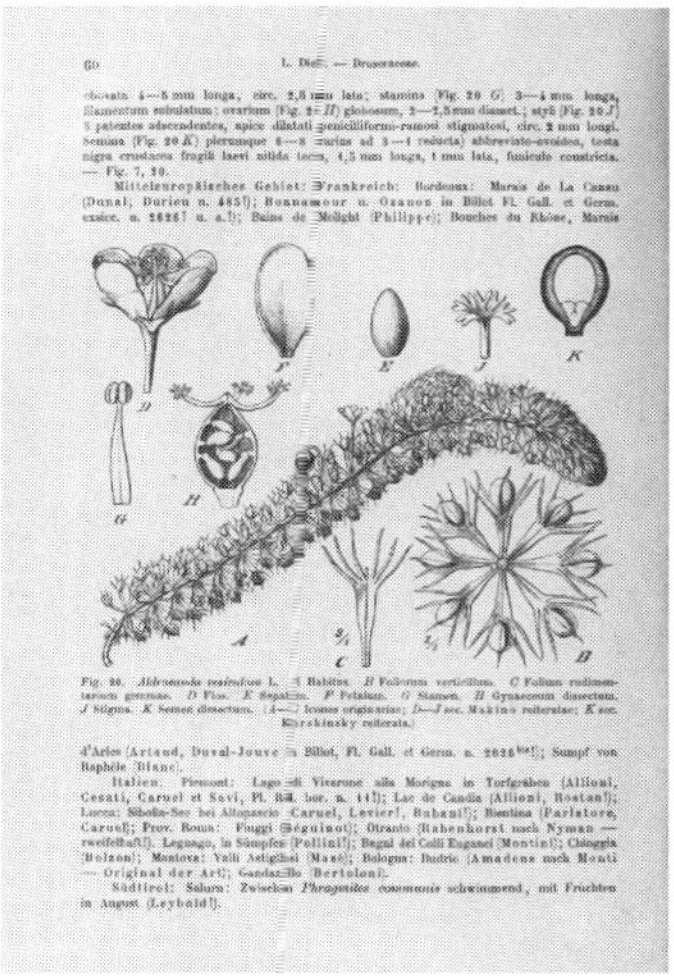

60 L. Diels. — Droseraceae.

obovata 4—5 mm longa, circ. 2,5 mm lata; stamina (Fig. 20 G) 3—4 mm longa, filamentum subulatum; ovarium (Fig. 20 H) globosum, 2—2,5 mm diamet.; styli (Fig. 20 J) 5 patentes adscendentes, apice dilatati penicilliformi-ramosi stigmatosi, circ. 2 mm longi. Semina (Fig. 20 K) plerumque 6—8 (rarius ad 3—4 reducta) abbreviato-ovoidea, testa nigra crustacea fragili laevi nitida tecta, 1,5 mm longa, 1 mm lata, funiculo constricta. — Fig. 7, 20.

Mitteleuropäisches Gebiet: Frankreich: Bordeaux: Marais de La Canau (Dunal; Durieu n. 485!); Bonnamour u. Ozanon in Billot Fl. Gall. et Germ. exsicc. n. 2626! u. a.!); Bains de Molight (Philippe); Bouches du Rhône, Marais

Fig. 20. *Aldrovanda vesiculosa* L. A Habitus. B Foliorum verticillum. C Folium rudimentarium gemmae. D Flos. E Sepalum. F Petalum. G Stamen. H Gynaeceum dissectum. J Stigma. K Semen dissectum. (A—C Icones originariae; D—J sec. Makino reiteratae; K sec. Korshinsky reiterata.)

d'Arles (Artaud, Duval-Jouve in Billot, Fl. Gall. et Germ. n. 2626bis!); Sumpf von Raphèle (Blanc).

Italien: Piemont: Lago di Viverone alla Morigna in Torfgräben (Allioni, Cesati, Caruel et Savi, Pl. Ital. bor. n. 11!); Lac de Candia (Allioni, Rostan!); Lucca: Sibolla-See bei Altopascio (Caruel, Levier!, Rabani!); Bientina (Parlatore, Caruel!); Prov. Roma: Fiuggi (Séguinot!); Otranto (Rabenhorst nach Nyman — zweifelhaft!). Legnago, in Sümpfen (Pollini!); Bagni dei Colli Euganei (Montini!); Chioggia (Bolzon); Mantova: Valli Ostigliesi (Mazé); Bologna: Budrio (Amadens nach Monti — Original der Art); Gandazzolo (Bertoloni).

Südtirol: Salurn: Zwischen *Phragmites communis* schwimmend, mit Früchten im August (Leybold!).

『ダス・プランツェンライヒ』第26巻の60頁です。ムジナモの図が示されていますが、上部6点の花の部分図は牧野富太郎が描いたものを再掲しています

五ミリ程度の冬芽を池辺で見つけたのですから、その観察力の鋭さには驚きます。

ムジナモは、日本においては利根川流域の数か所、淀川（巨椋池）、信濃川、木曽川流域の一か所で自生が見つかっていますが、野生のものはすべて絶滅してしまっています。その原因は、前述したように干拓などによる自生地の消失、魚などによる食害、農薬などによる水質汚染が考えられます。

日本のムジナモのような状況を「野生絶滅」と呼びます。その種が野生では生育しておらず、飼育・栽培下のみに存在している状態のことです。一〇年近くのムジナモ栽培の経験からいうと、良好な水質を維持し、アオミドロの増殖を防ぐことが重要だと思います。水質の維持に関しては、ガマやマコモなどのような抽水植物を植えることが有効だといわれています。

一方、アオミドロについては、アオミドロがからみついたムジナモを洗面台に入れ、多量の水の中で、両手の指を使ってムジナモからアオミドロを取り除くことが有効です。私は「ムジナモの洗濯」と呼んでいますが、この荒療治がアオミドロ対策としては上々です。


ムジナモの保全に関する活動を見てみましょう。埼玉県羽生市では、教育委員会を中心に宝蔵寺沼ムジナモ自生地で活発な活動が行われています。宝蔵寺沼では一九二一年にムジナモが発見され、一九六六年に「宝蔵寺沼ムジナモ自生地」として、国の天然記念物に指定されています。しかし、天然記念物に指定された年の台風でほとんどの個体が流出し、その後、水質の悪化で宝蔵寺沼のムジナモは減少してしまいました。

しかし、そのムジナモは栽培条件下で保存され、羽生市ムジナモ保存会（一九六二年発足、一九八三年再発足）などにより、「野生絶滅」から「野生復帰」を目指して活動が行われています。現在、宝蔵寺沼ムジナモ自生地では多くのムジナモが自生しています。市民を中心とした会員は、自宅でムジナモを栽培・増殖し、年に二回、宝蔵寺沼の自生区域外に放流しています。

また、地元の羽生市立三田ヶ谷小学校でも、一九八三年から児童が校内で育てたムジナモを宝蔵寺沼に放流しています。郷土の特徴を生かした教育ということで、新聞やテレビで報道され

ムジナモ保存会のメンバーが解説および見学を行っています（写真提供：羽生市教育委員会）

ています。宝蔵寺沼ムジナモ自生地には、二〇一七年九月の時点で、約一五万株のムジナモが生育していると考えられています。

一方、京都府の巨椋池干拓地周辺においても保全活動が行われています。巨椋池のムジナモは、一九二五年に国の天然記念物に指定され、干拓によって消滅したために一九四〇年に指定が解除されました。野生では絶滅しましたが、巨椋池に自生していた系統が保存されており、地元の愛好家によって栽培されています。

地元の宇治市立伊勢田小学校では、一九九八年に学校の中庭に「ムジナモの池」を整備し、地域の歴史を伝えている「史友会」の会員らの協力を得ながらムジナモの栽培を行っています。巨椋池のムジナモは幻の天然記念物になってしまいましたが、地域の歴史教材として今後も大いに活用されることでしょう。

かつて存在した所に「小さな巨椋池」を造り、その水の中で元の巨椋池に生えていたムジナモの末裔が自然に増殖する――こんなことを夢見ています。

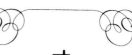

オクラ

（学名：*Abelmoschus esculentus*）オクラは、端正な黄色い花を咲かせます。花の美しい野菜のコンテストがあるなら、オクラは優勝するかもしれません。南国の花として愛されているハイビスカスが近縁の属ですから、当然かもしれません。

小さいころにオクラという野菜を食べたことがなく、その存在をまったく知りませんでした。それだけに、この野菜を初めて食べた時と場所ははっきりと覚えています。一九七四年七月に鹿児島県屋久島の栗生《くりお》という村に行ったのですが、そのときに泊まった民宿で出された朝食のなかに入っていました。

「植物の宝庫」といわれる屋久島の植物を観察しようと、大学生の兄と高校二年生の私は、夏休みのはじまった日に二週間にわたる屋久島への旅に出ました。栗生というのは、島の南西にある小さな村です。屋久島にはそれ以来行っていないので、現在どうなっているのかは分かりません。もう四〇年以上も前のことです。

朝食に出たオクラは、薄く小口切りがされていました。ネバネバしていてびっくりしましたが、味は淡泊で、おいしくいただきました。一緒に出た味噌汁にはカメノテが入っていて、これにもびっくりしました。カメノテというのは甲殻類の一種で、亀の手のような形をしていています。海岸の岩場に、強固に固着している生物です。今でも、オクラを食べると、この屋久島行きのことを思い出してしまいます。

オクラは、熱帯から温帯で栽培されるアオイ科トロロアオイ属の一年草です。西洋野菜として広く親しまれています。原産地はアフリカであるとされてきましたが、インド北部に野生するアベルモスクス・トゥベルクラトゥスが原種であるという説が出されています。オクラ以外のトロロアオイ属の植物で、アフリカ原産の種はないといいますので、インド原産説のほうに説得性があるように感じます。

二〇〇二年、近くの国立民族学博物館からオ

高さ４ｍまで育ったオクラ。太陽が西に傾きかけたころ、空を見上げながら逆光で撮影すると、くたびれた葉と大きく育った果実が印象的でした（2015年11月撮影）

クラの種子をもらって冷蔵庫に保管していました。それを二〇一五年の春から家庭菜園で栽培したところ、とても大きくなる系統だったのか、高さが四メートルくらいになりました。しかし、開花・結実は遅く、正月ごろにやっと種子が成熟したくらいです。

隣の区画で栽培している人の話によると、近所の幼稚園児がひときわ大きなこのオクラを見て、「ずいぶん大きな野菜がある」といって話題になっていたそうです。確かに、このオクラ以外に家庭菜園のなかに四メートルになる作物はありませんでした。ひょっとしたら、「畑で見たとても大きな野菜」として、何人かの園児の記憶に残るかもしれません。こんなことを考えると、とても愉快です。

オクラの葉は手のひらのように深く切れ込みがあり、「掌状葉《しょうじょうよう》」と呼ばれています。茎の高さは一メートルから三メートルくらいで、花は美しく、五枚の黄色い花弁の付け根が赤紫色をしています。直径が一〇センチ近くありますので見応え十分です。花弁の配列を見ると、花弁の片側が隣の花弁の下に隠れて、整然と並んでいることが分かります。

京都の西山を眺めることのできる家庭菜園の１区画は約15㎡です。異なる種類の野菜を少しずつ植えると、たくさんの種類をつくることができます（2015年11月撮影）

花が咲くと果実がどんどん大きくなります。夏野菜の成長の早さは目を見張るものがありますが、オクラの場合、大きくなると果実の中の繊維が発達し、食べることができなくなります。その果実は角《つの》に似た形をしており、五つ程度の稜《りょう》があり、内部は稜の数だけの室に分かれています。その室の中には丸い種子が整列しています。野菜としては長さ一〇センチ弱の若い果実を利用しますが、放置しておくと、果実は二〇〜三〇センチくらいまで大きくなります。

種子は、直径が五ミリくらいで、ほぼ球形をしています。虫眼鏡で表面を拡大すると、細かな凹凸の模様が確認できます。『原色日本野菜図鑑』（高島四郎、保育社、一九八二年）には、「この種子を煎ってひき割るとコーヒーの代用となる」と書かれていました。二〇一六年は五、六本のオクラを栽培していたので、秋になる実を成熟させて多めに種を取り、「コーヒーもどき」を味わってみました。実際のコーヒーとはまったく異なり、ハブ茶やハトムギ茶に似た味でした。

オクラの一品種として「島オクラ」と呼ばれるものがあります。稜が発達せず、断面の丸い果実ができます。果実が大きくなっても硬くなりにくいという性質があるため、二〇センチ近くになってもおいしく食べることができます。週末にしか家庭菜園には行けない私にとっては、とてもありがたい品種といえます。

『資源植物事典（増補改訂版）』（柴田桂太、北龍館、一九五七年）には、オクラの味について、「ぬるぬるしていて好ましくない青くさいにおいがあるが、慣れるといやでなくなる」という記載があります。ずいぶん主観的な表現がされているので、思わず微笑んでしまいました。

オクラは、とても暑さや干ばつに強い作物です。一方、寒さには抵抗力がありません。世界における生産量（二〇一四年）を見ると、インドが六三五万トンで世界全体の六六パーセントを占めて第一位、ナイジェリアが二〇四万トンで二一パーセントを占めて第二位となっています。

日本における生産量は、全国で約一万二〇〇〇トン（二〇一四年）であり、インドの生産量に比べると五〇〇分の一程度でしかありません。国内生産量のシェアで一〇パーセント以上の県は、多い順に鹿児島、高知、沖縄となっており、気温の高い県でたくさん生産されていることが分かります。暑さが大好きなオクラ、夏野菜の代表選手です。

シロウリ

かつて友人から種をもらってから、ふるさとの庭でほんの少しですが毎年シロウリを栽培しています。苗づくりは、晩春、ビニルポットに播いて自宅で行い、梅雨のころにふるさとの庭に定植します。成長はとても早く、夏にシロウリに再会するときは、蔓や葉がずいぶん繁っています。葉を手でかき分けると、葉影から急に立派な果実が現れます。収穫の喜びを感じる一瞬です。

シロウリは私の好物の一つで、店頭で見つけると買ってきて漬物にして食べます。果皮の薄緑と果肉の白との色合い、歯を咬みあわせるとサクッと切れる食感、この野菜だけがもつ特徴だといえます。

さて、シロウリはインドが原産であると考えられています。メロン（*Cucumis melo*）と同じ種で、その変種（同一種であるが、形質が基本種と少し違うときに変種とします）として分類さ

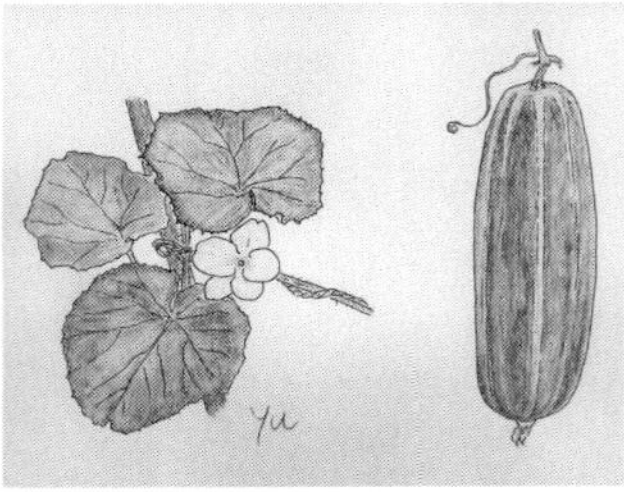

（学名：*Cucumis melo* var. *conomon*）玉造黒門越瓜の花（雄花）と果実。江戸時代の大坂、人々の生活に密着していた野菜でした。このウリの蔓が現代の人々をつなぎとめ、友情の輪を形づくりつつあります。

れています。そういえば、マクワウリ（*Cucumis melo* var. *makuwa*）もメロンの変種として位置づけられています。

シロウリの変種名「*conomon*」は香の物《こうのもの》（漬物）から命名されたもので、シロウリを酒粕で漬け込んだ奈良漬がその代表として取り上げられたからといわれています。完熟すると色が白くなるので「シロウリ（白瓜）」と呼ばれているわけですが、中国の越（現在の浙江省辺り）でたくさん栽培されたので「エツウリ（越瓜）」とも呼ばれます。これら二つの異なる由来の名が一体になり、「越瓜」も「シロウリ」と読ませるようになり、今日一般的に用いられています。

友人が私にくれた種は、「玉造黒門越瓜《たまつくりくろもんしろうり》」というなにわの伝統野菜です。現在の大阪市中央区玉造一丁目のあたり、大阪城の南東にあった玉造門が「黒門」と呼ばれていたため、江戸時代にこの辺りでつくられた瓜をこのように呼ぶようになったそうです。玉造門は、大坂夏の陣の後に一心寺（大阪市天王寺区逢阪二丁目）に移され、山門として使われていましたが、戦災で焼失したそうです。

玉造稲荷神社には、「玉造黒門越瓜の碑」が瓜畑の横にあります。写真は7月中旬で、畑には瓜が実っています（撮影：橋本護氏）

この地域は上町台地の一画となります。二〇〇二年から地元の玉造稲荷神社を中心として、玉造黒門越瓜の復興に取り組んでいます。そして、この神社と住民や企業が連携して、玉造黒門越瓜を用いたまちおこしが行われています。私が時折参加している「ツルつなぎ」プロジェクトは、この郷土の野菜の栽培を通して、人の輪が広がり育つことを目的とした活動となっています。

各メンバーは、自宅の庭、軒下、バルコニーなどでこのシロウリを大切に栽培しています。そして八月、「ツルつなぎ」収穫祭が開催され、実ったシロウリでつくった料理を各自が持ち寄り、味わいながら栽培体験談を披露して人の輪を広げてゆくのです。

「ツルつなぎ」とは、人の輪が成長する様《さま》を、シロウリが巻きひげで他のものにつかまりながら茎をどんどん伸ばしてゆく様《さま》に見立てたものだと思います。一つの伝統野菜に注目し、その栽培を人と人のつながりに活用し、その地域の発展に資するという活動は、植物と人の有機的な関係としてとても興味深いものだと思います。

瓜というと、高校時代の漢文の時間を思い出します。「瓜田不納履（瓜田に履を納《い》れず）李下不正冠（李下に冠を正さず）」と習いました。ウリの畑で靴をはき直したりすれば、ウリ盗人と思われても仕方がないし、スモモの木の下で冠を直せば、スモモ盗人と思われても仕方がないという意味です。つまり、人から疑われるようなことは慎んだほうがよいという教えです。古楽府《こがふ》(1)の「君子行」にある故事ですが、なぜウリとスモモなのかは知る由もありません。当時の中国においては、ウリやスモモが重要な作物であったのでしょう。

シロウリには、いくつもの品種があることが知られています。桂瓜《カツラウリ》は京都市西京区桂で江戸時代から栽培され、浅漬けや奈良漬の原料にされてきました。しかし、現在では栽培農家は一戸しかなく、「幻の伝統野菜」といわれます。

カツラウリは、芳醇なメロンの香りがするにもかかわらずカロリーが低いという特徴があり、京都府農林センターと京都府立大学では、血糖値が気になる人でも安心して食べることのできるスイーツなどへの利用を検討しています。すでに、京都府立医科大学内のレストランでは、カツラウリ

(1) 中国古典詩の一形式で、唐代に白居易らによってつくられた新楽府に対して、六朝時代（三～六世紀）以前につくられた古い楽府のこと。

シロウリを調理する時にたくさんの種子を得ることができます。種子の形は、ちょっと果実の形に似ています。（2010年10月撮影）

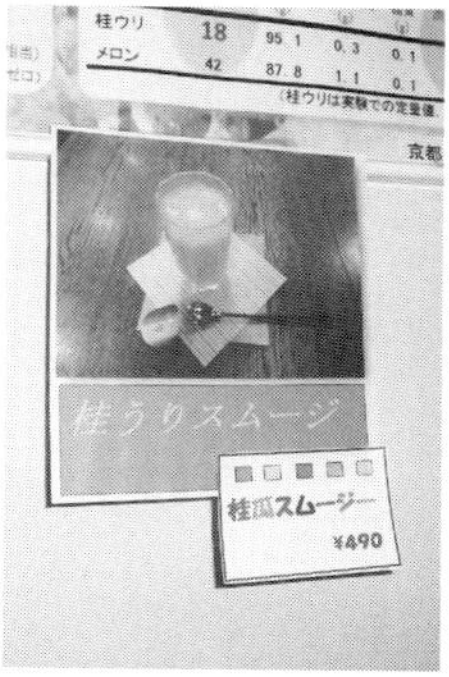

「桂うりスムージー」は、京都府立医科大学内のレストラン「フレール」で食べることができます。（2018年３月撮影）

るようです。
のスムージー（凍らせた果物や野菜を使ったシャーベット状の飲み物）を販売し、好評を得ているようです。

通信販売でカツラウリの種子を入手することができたので、二〇一三年に家庭菜園で栽培をしました。ずいぶんつるが伸びてから垣に登らせたので、どこかで折れてしまったのかあまり調子がよくありませんでした。

さてシロウリですが、雄花と雌花が別に咲き、これを「雌雄異花《しゆういか》」といっています。果実をならせるには、雌花を咲かせる必要があります。しかし、親蔓や子蔓には雌花をほとんどつけず、孫蔓に雌花をつけるという性質があります。何度もこのことを教えてもらうのですが、芽を摘むタイミングをつい忘れてしまいます。

いくつかのシロウリの伝統品種が忘れ去られようとしていますが、幸いなことに、人々の努力によって再び認識が高まりつつあるようです。

ミヤマリンドウ

（学名：*Gentiana nipponica*）８月の高原に咲くミヤマリンドウ。対生する小さな葉と比較し、花はとても大きいです。こんなにすてきな花々が咲いているならば、山歩きの苦しさは楽しみに昇華してしまいます。

標高二五〇〇メートルの高原を散歩していたら、精いっぱいに花びらを開いた一群れのミヤマリンドウに出会いました。二〇〇五年八月、加賀白山（一〇六〜一〇七ページ参照）の室堂《むろどう》での出来事です。

白山は文字どおり白い山で、春のお彼岸ごろに琵琶湖岸の山に登ると、北東の方角に雪をかぶって横たわる真っ白な姿を見ることができます。たくさんの雪が解け去ると、高山植物の花々が咲き乱れる花園に生まれ変わります。

ミヤマリンドウは日本の高山にだけ生えている植物で、学名には「*nipponica*」と「日本の」という言葉が使われています。世界中で使われる名前に「日本」という言葉が用いられていて、なんだか誇らしく思えてきます。

切り花でよく見るリンドウが筒のような花型であるのに対して、ミヤマリンドウは筒があまり発達せず、花全体が少し扁平《へんぺい》な感じがします。五枚の花弁の間にある副片《ふくへん》と呼ばれるものがよく発達していて、特徴的な姿をしています。花の色は、ご存じのように、深く冴えわたった濃い青空の色です。リンドウの仲間は、直射日光が当たると花が開きます。高原の一隅に青空が舞い降りてきて、太陽の光で花が開く、すばらしい光景です。

ところで、リンドウの仲間の花びらにはいくつもの点が散りばめられています。私たちがリンドウの花を見てリンドウらしさを感じるとき、この模様が重要な役目を担っているように思います。

ミヤマリンドウはリンドウ科に属してい

白山は、富士山、立山と共に「日本三名山」の一つです。山頂部がなだらかで積雪量が多く、春の彼岸の頃、天気がよければ、霊仙山（滋賀県）の山頂から真っ白い白山を見ることができます。「ハクサンイチゲ」のように「ハクサン」の名の付く植物がたくさんあります（2005年8月撮影）

ます。リンドウ科は世界で約一二〇〇種があり、北半球の温帯地域にたくさんの種が分布しています。薬草としてよく知られているセンブリ、谷間の湿地に咲くアケボノソウなどもリンドウ科の植物です。

身の周りにはいろいろな生物がいます。動物、植物、菌類と三つに大別されますが、地球上に生物が発生した三〇数億年前には、たった一つの生命しかなかったと考えられています。長い進化の過程を経て、さまざまな種ができて現在の状況になったわけです。現在、識別されている生物の種は約一七五万種ですが、未知のものを含めると三〇〇〇万種くらいが存在しているといわれています。リンドウ科の一二〇〇種は、その一部を構成しているわけです。

すべての生き物はつながりあって生きており、私たちはいろいろな生き物の恵みを活用して生

ススキの穂がたなびくスキーゲレンデに、去りゆく秋を惜しむようにリンドウが咲いていました。通り雨の雲の下、花は閉じていました（2005年10月、滋賀県伊吹山三合目付近にて撮影）

活を営んでいます。また、役立つかどうかの論議を超えて、生き物にはそれぞれにかけがえのない価値と尊厳があるという考え方もあります。とても重要な視点である、と私は思っています。

自然がつくり出した多様な生物の世界を総称して「生物多様性」呼びます。二〇一〇年一〇月、名古屋にて生物多様性条約第一〇回締約国会議（CBD-COP10）が開催されました。生物多様性の持続的利用を目指す、生物多様性に恵まれる富を衡平に配分する、生物多様性を保全する、という三つの行動を喚起することが目的となっていました。新聞やテレビなどでこの会議に関する報道が数多くなされましたが、「ヒトは、すべての生き物と共存している」という視点で考えると理解しやすいのではないかと思います。

秋が深まり、リンドウを花屋の店先で見ると、一九〇五（明治三八）年に雑誌「ホトトギス」に発表された伊藤左千夫（一八六四〜一九一三）の『野菊の墓』を思い出します。中学生のころ、学校で小説が販売されたことがありましたが、そのときに買った何冊かのうちの一冊がこの本でした。

農村における若い二人、政夫と民子の淡い恋が描かれています。政夫は民子を野菊のような人だと言い、民子は政夫をりんどうのような人だと言う。そして、政夫は野菊が、民子はりんどうが好きと話す。胸に秘めた思いを花に託して表現する、秋の日の野良仕事です。民子はりんどうを、「こんな美しい花」とか「ほんとうによい花」と表現しています。私のリンドウ好きは、小説の主人公である民子の言葉にはじまったものかもしれません。

そして高校生のころ、ふるさとの山を一人でよく歩きました。加古川の平荘湖《へいそうこ》（一二六ページ参照）の周りにある小さな山々です。オミナエシやツリガネニンジンなどの咲くなか、少し湿った所にホソバリンドウの花がぽつりぽつりと咲いていました。

その場所を、二〇〇九年の秋のお彼岸に訪れました。当時見た花の写真が撮れればいいなと思っていたのですが、一九七〇年代前半の草原《くさはら》は竹林になっていて、それらの花を見ることはできませんでした。人手の入らなくなった里山は、次第に常緑樹や竹が繁茂し、暗い森に変化してゆきます。そのような林床には、ほとんど植物が生えなくなるのです。

リンドウは多年生で秋咲きです。越年生で春咲きのリンドウの仲間があるのですが、私は自然環境でそれを見たことがありません。この文章を書く過程で、時々登る山にそれが生えていることを知りました。できるだけ早く、春咲きのリンドウを探したいと思っています。もし見つけられたら、リンドウの仲間の多様性がさらに実感できるはずです。

タヌキマメ

不思議なもので、ある言葉を聞くとなにがしかのイメージが頭に浮かんできます。でも、そのイメージは人によってさまざまです。さらに、言葉を組み合わせていくと、もっと複雑なイメージが浮かんでくることになります。

ここで紹介する植物はタヌキマメです。一般的にはあまり馴染みのない植物です。動物のタヌキ（狸）と植物のマメ（豆）を合わせた名前が付いていますが、タヌキとマメを合わせると、いったいどのような植物になるのでしょうか。もし、小学生に「タヌキマメ」を空想して描いてもらったら、興味深い絵がたくさんできることでしょう。

実際のタヌキマメは画のような植物です。マメ科に属し、薄青紫色の、マメ科の仲間特有の花を咲かせます。左右相称で、蝶の形に似た花を「蝶形花《ちょうけいか》」と呼んでいます。蝶形花の花弁には名

（学名：*Crotalaria sessiliflora*）タヌキマメの花は下から上へ咲き進んでいきます。薄青紫色の花弁、褐色の毛で覆われた果実は、その端正な草姿と相乗し、侘び寂びを感じさせる造形です。

前が付いていて、一番上の一枚が旗弁《きべん》、その下の二枚が翼弁《よくべん》、そして一番下の二枚が竜骨弁《りゅうこつべん》と呼ばれます。ひょっとしたら、中学校での理科の授業を思い出す人がいるかもしれません。

タヌキマメの旗弁には、濃い紫色の放射状の模様があり、それがアクセントになっています。旗弁は、昆虫を呼ぶために機能していると考えられています。そして、花が萎むと萼《がく》が目立つようになります。その萼には、褐色の毛がたくさん生えています。この毛はずいぶん長いので、肉眼で十分確認できます。果実は、毛むくじゃらのラグビーボールのような感じです。晴れわたった秋空の下で観察すると、タヌキママメの毛はキラキラと輝いていています。

タヌキマメの葉は一枚の細長い葉です。

サンヘンプが黄色い花をたくさん着けていました。繊維を取ったり、畑作の連作障害を減らすなど、有用植物の一つです（2014年8月、京都府立植物園にて撮影）

このように一枚のみの葉身でできた葉を「単葉」と呼びます。それに対して、葉身が二枚以上の小葉からなる葉のことを「複葉」といいます。マメ科の多くの種は複葉をもっています。クローバーやカラスエンドウなどマメ科の植物を思い浮かべてみると、そのことがよく分かります。手元にある『原色日本植物図鑑（草本編Ⅱ）』（保育社、一九六一年）の図版を眺めてみると、マメ科で単葉なのはタヌキマメだけで、他の種はすべて複葉をもっています。

なぜ、「タヌキマメ」と呼ばれるのかについては、「褐色の毛の生えた萼に包まれた果実をタヌキに見立てた」という説と、「花の形がタヌキに似ている」という説があります。実際に栽培してみると、前者のほうがふさわしいような気がします。立派な毛に包まれた果実がこの植物最大の特徴で、ほ乳類の温もりを感じるからです。

タヌキマメを初めて見たのは中学三年生のころでした。自宅から北に自転車で一時間ほど走ると、播磨の名刹である法華山一乗寺(2)があります。本尊は聖観音菩薩で、六五〇年に創建されたという古いお寺です。平安時代に建てられた三重塔（一一七一年建立）があるのですが、この塔は平安時代後期を代表する和様建築とされており、国内屈指の古塔とされています。境内が山深いせいでしょう、春は桜、秋は紅葉の名所としても知られています。

その寺の三キロほど手前に、道が川幅二メートルくらいの小川と交差する所があります。この川にはオイカワ（コイ科）という魚が群れていて、ここを通るたびに観察することを楽しみにしていました。夏は、婚姻色のオスの美しさに目を奪われたものです。一五センチくらいの細長い魚のヒレが伸びて、体全体が青緑色や朱色に彩られるのです。

ちょうどこの辺りを自転車でのんびりと走っているとき、見なれない植物を路傍《ろぼう》に見つけたのです。それがタヌキマメとの出会いでした。シンプルな単葉と薄青紫色の蝶形花をつけた植物の一群《ひとむ》れは、自転車に乗ったままでも見つけられたのです。

タヌキマメは、インド、東南アジア、中国、台湾、朝鮮半島、沖縄諸島、九州、四国から宮城県に分布する一年草です。草丈は四〇センチくらいです。学名の「*Crotalaria*《クロタラリア》」は「ガラガラ箱」という意味で、果実が成熟すると莢《さや》の中で種子が離れ、熟した果実を振ると「カラカラ」とマラカスのような音がすることから命名されたようです。命名した人の感性、素敵だなと思います。

タヌキマメ属は世界に約六〇〇種が分布しており、そのうち約五〇〇種が熱帯アフリカやマダガスカルに分布しています。日本に分布する種は、アフリカ、アジア、オーストラリアから分布を拡大したものです。タヌキマメ属約六〇〇種のなかで、熱帯地方から一番東にまで分布を拡大できた種といえます。

同じくマメ科で「サンヘンプ（*Crotalaria juncea*）」という植物があります。インドが原産で、人の背丈くらいになる大型の一年草です。茎から繊維を取るので「アサタヌキマメ（麻狸豆）」とか「コブトリソウ（瘤取草）」と呼ばれています。

（2）　〒675−2222　兵庫県加西市坂本町821−17　TEL：0790−48−2006

畑作において、同じ作物を何年も続けて栽培するとネコブセンチュウ（長さは一ミリあるいはそれ以下の小さな線状の生物）が増え、作物の根にコブができ、収穫量が減少することがあります。サンヘンプやその仲間を畑地で栽培すると、このネコブセンチュウを減少させる効果のあることが知られています。気が付きましたか？　コブトリソウの名は、このことから来ているのです。マメ科植物なので、畑地に鋤き込むと緑肥の効果も期待できます。

先日、有名な和菓子屋さんの店先で、秋の風情を感じさせるタヌキマメの鉢植えを見つけました。あなたの近所でも、ぜひ探してみてください。

ラフレシア

（学名：*Rafflesia arnoldii*）８月のボルネオ島の林床にこのラフレシアは咲いていて、受粉の手助けをするハエが中央の袋状の部分に飛び交っていました。このラフレシアは、この森で2010年の17番目の花だとのことでした。周りの植物も熱帯性の種で、日本における林床と雰匝気が異なりました。

世界で有数の熱帯林であるボルネオの森、そこで見たラフレシアが画に描かれています。花弁の先が少し茶色に痛んでいます。「六日くらい前までは赤くてきれいだった」、とのことです。その周りをよく見ると、レッドキャベツみたいな蕾を三個見つけることができました。それらが咲くまでには、あと一か月くらいかかるそうです。

「世界一大きな花」として『植物の図鑑』（七五ページ参照）に載っていたラフレシア。花の横には少女がいて、花の大きさが直感的に分かるようになっていたような気がします。八歳ぐらいの記憶です。赤くて大きな花弁をつけた花が地面の上に堂々と横たわっている、巨大な置物のような印象を受けました。

その図鑑が手元にあるので確かめてみたところ、少女はラフレシアの横にいるのではなく、反対のページに描かれたオオオニバスの葉の上に座っていました（一六六ページからも参照）。確かなことと思っていても、記憶というものは案外あやふやなものです。

京都府立植物園では、温室が新しくなってから実物標本のラフレシアが展示されるようになり、絵や写真だけでは分かりにくい立体的なイメージがよくつかめます。黒褐色に変色していますが、実物標本ですからこの点は仕方がありません。

熱帯の森をこの目で見て、実際に体感してみたいという長年の思いが、二〇一〇年八月、ボルネオ島への訪問を実現させました。空路、マレーシア領の最大都市であるコタキナバル（Kota Kinabalu）に到着し、ツアーガイドを雇ってキナバル山（四〇九五メートル）周辺を訪れました。

キナバル山はボルネオ島北部にあり、海岸からは40kmくらいの距離にあります。ボルネオ島の最高峰です。山麓は熱帯雨林、山頂は高山帯となっており多様な環境が見られ、「キナバル自然公園」としてユネスコの世界遺産に登録されています（2010年8月撮影）

ラフレシアの花を見せることは観光ビジネスになっており、「ラフレシアの花を見たい」という私の要望を満たすべく、ツアーガイドは何度も携帯電話をかけて、ラフレシアが開花している所を探してくれました。しかし、ラフレシアが咲いているという確かな情報は得られませんでした。ボルネオに今度いつ来られるか分からない、何か胸さわぎがする――とにかく行ってみようと、ガイドに伝えました。

幹線道路から枝道に入って数キロ走ると小さな集落に着きました。道路脇にトラック用の大きなタイアが立てかけられた家があり、壁には「Rafflesia」とペンキで書かれていました。家には一人の男性がいて、ガイドと話しはじめました。どうやら、ラフレシアの花が咲いているとのことです。

見学料は一人当たり四〇リンギットで、二〇

民家の横にラフレシアの自生する森がありました。ラフレシアの花が咲いていたのは、写真中央のツアーガイドの運転する車の向こう側30mくらいの所でした(2010年8月撮影)

一八年の為替レートで換算すると約一一二〇円（一リンギット＝二八円）でした。男性は、「日曜日だけど、教会に行かずに待っていた」とガイドに話したそうです。

私が見たのはラフレシア・アルノルディイ（*Rafflesia arnoldii*）という種で、一八一八年にスマトラ島でラッフルズ（Sir Thomas Stamford Raffles, 1781〜1826）とアーノルド（Joseph Arnold, 1782〜1818）によって発見された種です。属名も種小名も、発見者に基づいて命名されています。

ラッフルズはシンガポールの創始者として有名ですが、植物学にも興味をもっていました。一方、アーノルドは、調査隊に同行した博物学者でした。スマトラ島の森でこの花を最初に見たときの感動はいかばかりだったでしょうか。葉が見えず、直径が一メートル前後もある真っ赤な花が地面にどっしりと横たわっていたのです。

この植物は、ブドウ科のミツバビンボウカズラ属のツル草を宿主とする寄生植物です。最初は宿主の根や地表近くの茎の中で菌糸のような状態で成長し、その後、宿主の樹皮を破って地上に出てきてから大きくなり、開花に至ります。ガイドから、ツル草の直径三センチくらいの茎から飛び出た瘤《こぶ》のようなものを指し示されたのですが、それがラフレシアの幼植物であるといっていました。

ラフレシア科は、八属約五〇種からなる寄生植物のグループです。葉緑体をもたないので光合成をする能力はありません。ラフレシア・アルノルディイは最初に発見された種ですが、もっとも大きな花を咲かせるのもこの種です。

ラフレシア科の植物はとても微細な種子をつけ、ラフレシア・アルノルディイでは、拳大《こぶしだい》の果実に数百万個の種子をつけるそうです。となると、この植物の生えている場所には数千万個の種子が埋土種子《まいどしゅし》（土壌中に存在する発芽能力のある種子）として存在していることになります。宿主となる植物の根や茎と接触をして、とりつく確率を高くするには、種子の数を増加させるというのはよい方法です。

世界で一番大きな花が寄生植物である、というのはとても興味深いことです。生きるための栄養を他の植物から得ることができるので、繁殖器官である花にすべての資源を投入することができるのでしょう。花だけになり、それを地面の上に咲かせれば、不要なものは一切ありません。こう考えると、とても合理的な植物に思えてきます。

ラフレシア属には約一一種が知られており、花の大きさは種によって異なります。それにしても、ラフレシア・アルノルディイは、なぜこんなにも大きな花をつけるようになったのでしょうか。生える環境の微小な違いが、それぞれの種の形や大きさを変えていったのでしょう。アルノルディイ自体、自分が世界で一番大きな花だと認識しているのでしょうか。

人間においても、それぞれの人が生活する環境の違いが個性をつくり出しているように思えます。本人には分からないけれど、ある側面を見ると「世界一」ということが案外多くあるような気がしてきます。

アサガオ

夏の朝、庭に青い色の丸いアサガオの花がたくさん咲いている――小学校低学年のころの思い出です。高校を卒業してから故郷を出ましたが、それまでに一度だけ町内で引っ越しをしています。これは引っ越しをする前の家での記憶です。母が手入れをしていたのでしょう。直径が五センチくらいのとても小さい花でした。

葉のうぶげ　おどろく君と　あさがおと　（楽）

この句を詠んだ人は、私の花ともだちです。幼稚園のころ、初めてアサガオの葉っぱを触ったときの印象が鮮明に残っていて、それを表現したといいます。幼いがゆえの感性の高さと、そのことを大人になっても心に大切にしまっていることに感銘を受けます。ついでに、私が詠んだ句

（学名：*Ipomoea nil*）複雑な花や葉をもつ朝顔。「変化朝顔」と呼ばれます。江戸時代に盛んに栽培され、日本の伝統文化としても貴重な存在となっています。

も紹介させていただきます。

もろき殻　くだきて集む
朝顔のたね　（小瓢）

秋にはたくさんの種ができ、よく熟れると、その実を親指と人差し指でつまむと、中からほとんど黒色に近い黒褐色の種がポロポロとこぼれ出てきました。切り分けたスイカのような形です。

中学校か高校のころですが、新聞に「変化朝顔」を栽培している人が紹介されていました。「江戸時代から細々と伝えられてきた変わった朝顔を栽培している人がいて、今年も花を咲かせた」というような記事だったと記憶しています。その人の住所をどのように

京都府立植物園の「朝顔展」です。大輪朝顔が展示の中心ですが、変化朝顔も少し展示されていました。早起きをして、まだ涼しい間にたくさんのアサガオを鑑賞するのは夏の朝のちょっとした贅沢です（2015年８月撮影）

して調べたかは覚えていませんが、早速手紙を書いて、何種類かのアサガオの種をもらいました。また、書店で変化朝顔の本を見つけて購入し、著者に手紙を書いてたくさんの品種の種をいただいたこともあります。高校を卒業するまで、それらの種を播いて、二、三年間は変化朝顔を自宅で栽培していました。

それから二〇年ほど経った一九九四年、園芸店の書籍コーナーで変化朝顔の同好会があるということを知ったのをきっかけに、変化朝顔の栽培を再開しました。

変わった朝顔とはどんなものでしょうか。百聞は一見にしかず、です。一六〇ページの画をご覧ください。馴染みのあるジョウゴのような丸い花の面影はなく、花弁にはいくつもの切れ込みがあります。花弁の先がより細く糸状になり、よじれているものもあります。葉は、大きく波打ったり、細長く変形していて、お馴染みの朝顔の葉とはずいぶん違った形をしています。

右下の画に、いくつかの双葉《ふたば》を示しました。右上がごく一般的な朝顔の芽生えです。それ以外は変化朝顔ですが、形がゆがんだり、三次元的によじれたりしています。変化した葉や花をつける株は、多くの場合、双葉も変化しています。「梅檀は双葉より芳し」(3)ということでしょうか。

朝顔のふたば。右上がお馴染みの普通の朝顔。それ以外は、変化朝顔のふたばです。慣れてくると、ふたばの形で花の形を予想できます。

変化朝顔の花弁は、切れ込んだり、凹凸にくぼんだり、垂れ下がったり、盛り上がったりしています。こういう形の変化に加え、色彩の変化が加わります。青、白、紫、赤、水色、茶色などですが、「覆輪《ふくりん》」（花弁の周りが白く縁取られる）、「吹掛絞《ふっかけしぼり》」（花弁に点が入る）、「刷毛目絞《はけめしぼり》」（花弁にハケで掃いたように條が入る）、「底白」（筒抜け。花筒の部分が白くなる）と呼ばれる模様もあります。形、色、模様という変化が縦横無尽に組み合わさるとアサガオに何種類のバリエーションができるのでしょうか。これらは、遺伝子に変化が起きることによって現れたものです。

朝顔は一年草ですから、冬の寒さで枯れてしまいます。いろいろな遺伝子が重なり合ったとても変わった変化朝顔が育っても、その年かぎりで株は枯れてしまいます。画に描かれたような変化の著しい株には種ができないので、種のできる兄弟の株からたくさんの種を取って、変化した遺伝子を維持していきます。

多年生の植物でしたら、変化した株は何年にもわたって生き続けますから遺伝子の維持も簡単なのですが、一年草で、かつ種ができないとなると大変な作業となります。植物学者の中尾佐助（一九一六〜一九九三）は、『花と木の文化史』（岩波新書、一九八六年）のなかで次のように書いています。

（3）「栴檀」とは白檀のこと。白檀は香木であり、双葉のときから非常によい芳香を放つことから、優れた人物は幼少時代から他を逸したものをもっているという意味。

変化アサガオ栽培という園芸は、いわば遺伝学の実験をしているようなものとなり、ほかの花卉園芸のあらゆるジャンルから大きくかけ離れたものとなっている。もちろん世界のどこにも類縁のものはない。それは花卉園芸の中で、パフォーマンスの極致といえよう。（前掲書、一六一ページ）

変化朝顔は、江戸時代初期に青い花から白い花が出たのが起源といわれていま す。それ以後、遺伝子の変化が活発に起こったようです。文化・文政（一九世紀初め）、嘉永・安政（一九世紀半ば）にそれぞれ大きな流行があったようで、多くの古文書が残っています。明治維新の

右は、横を向いて伸びる「枝垂れ」と呼ばれる朝顔。左に、一般的な朝顔で、支柱に巻きつきながら上に伸びています（2009年7月、自宅にて撮影）

混乱で衰えたようですが、一九〇二（明治三五）年ごろに第三の流行期を迎えたようです。多数のアサガオが栽培され、多くの人の眼で選抜が行われることによって遺伝子の多様な変化が蓄積され、現代にまで伝承されてきました。

明治以降は大輪咲きのアサガオが主流となり、変化朝顔はマイナーな位置づけとなってしまいました。大輪咲きも「大きな花が咲く」という変化を起こした変化朝顔の一種なのですが、一般的には大輪朝顔と変化朝顔は別のものとして扱われています。江戸時代に日本で育種・改良され、独自の発展を遂げた園芸植物のことを「古典園芸植物」といいますが、日本の文化として大切にしてゆきたいものです。

掲載した写真は「枝垂《しだ》れ」と呼ばれる変化朝顔です。支柱に巻きついてよじ登るという意志をなくしたもので、ひたすら横や下を向いて真っ直ぐに伸びようとします。ずいぶん人間くさい性質です。芝生のグランドカバーとして向いているのではないか、ということで、芝地で放任栽培して適性を調べています。

日本の伝統や文化に思いを馳せながら、夏の朝に朝顔を愛でるという光景、なかなかいいものかもしれません。

オニバス

オニバスを初めて見たのは中学生のころで、兄と一緒に訪れた兵庫県加古川市の川池《かわいけ》というため池でした。今はどうなっているか分かりませんが、当時は豊富な湿地植物が生え、植物観察にはもってこいの場所でした。

水面に直径一メートルもある大きな丸い葉がいくつも浮かんでいる様《さま》は、とても不思議な眺めでした。ため池の横にある水路で、体調が一メートル近くもある外来魚のカムルチーを見たのもこのときだったと思います。

南米原産のオオオニバスは、図鑑に載っていたので小学生のころから知っていましたが、日本に自生するオニバスのことはほとんど知らず、強い印象を受けました。兵庫県は全国でもっともため池が多いことで知られており、四万か所以上もあるそうです。とくに、県の南部は雨の少な

(学名：*Euryale ferox*) オニバスは夏から秋にかけて赤紫色の花を咲かせます。花弁の様子はスイレンによく似ていますが、スイレンほど大きくは開きません。果実の部分はこの画では水面下にあり、鋭く長いトゲがたくさん生えています。

い瀬戸内式気候のため、ため池の数がとても多い地域となっています。そのため池へは、高校生になってからも、生物部のメンバーや気の合う友人と何度か行きました。私の湿地植物に関する知識や経験は、このため池からはじまったといってよいぐらいです。

高校二年生の九月、土曜日の午後だったとはっきりと覚えていますが、友人の藤田君、岩橋君と一緒に川池に行きました。水着と鍬《クワ》を持ち、学校から三〇分あまり自転車を走らせれば川池に到着します。オニバスを採集して、標本をつくるというのが目的でした。川池の周りを歩き、池の北東の岸近くで、立派に成長した個体を見つけました。場所といい、大きさといい、採集に適したオニバスです。

水着になって川池に入り、鍬で粘土質の池底からオニバスの根っこを掘り起こすのです。水深が胸くらいまでありましたので、慎重に作業をしないと危険です。オニバスの葉、葉柄、花には鋭いトゲが生えていますからなおさらです。何とか無事に掘り取り、大きなビニル袋と段ボール箱に入れて学校に持ち帰りました。なにかしら誇らしい気持ちだったことを、放課後の教室の雰囲気とともに覚えています。

このオニバスの個体を、生物部の部室で大きな腊葉標本《さくようひょうほん》（押し葉標本）にしました。根、数枚の葉、花からなる全長二メートル近くある大きな標本ですから、吸水用の新聞紙の取り換えも大変でした。花や葉柄は肉厚ですからなかなか乾燥しないのです。

この標本をイギリスのキュー植物園（九三ページ参照）に寄贈しようと話し合っていたのです

1974年９月、友人２人とオニバスの採集を行いました。４枚の葉とたくさんの花や蕾の着いた立派な個体でした

1975年の春に生物部のメンバー４名と一緒に水草の観察に行きました。オニバスをはじめとして多様な水草が生えているため池でした

が、当時は海外に手紙を出したこともなく、具体的な行動にはつながりませんでした。でき上がった標本は、大きな厚紙に張り、透明なビニルシートでくるんで生物室の後ろの壁に張り付けました。しかし、オニバスの標本はとても脆く、葉や葉柄が次第にボロボロと欠けてゆき、最後には廃棄してしまいました。

もっとうまく管理していたら貴重な学術資料になったのではないか、と思っています。今考えると、国内の大学の標本庫に寄贈するという方法もあったかと思います。

オニバスは日本、台湾、中国、インドに分布する一年生の水草で、オニバス属はこの種のみから成ります。オニバスの体は、一言でいえばトゲだらけで、荒々しい印象を受けますが、よく見るととても繊細な造形であることが分かります。種子は黒くて、直径が一・五センチくらいあり、表面には凹凸があります。春に、池の底で発芽します。

葉は最初のころは矛形《ほこがた》をしていますが、成長が進むに

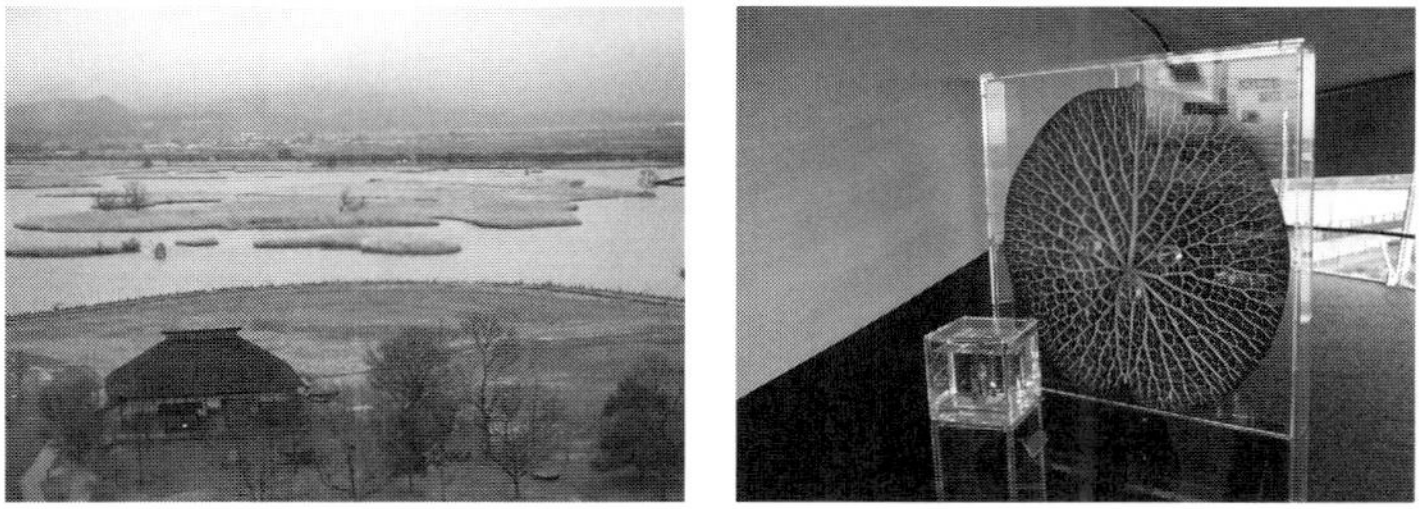

オニバスの葉を透明な樹脂に包埋した標本で、直径が2メートル近くありました（写真は葉の下面）。これほど完成度の高い標本を作り上げた苦労がしのばれます。ここ福島潟は国内でオニバスの北限の地であり、シンボル的な生き物となっています。（2014年３月、新潟市北区福島潟の「ビュー福島潟」にて撮影）

つれてお馴染みの円い形になります。葉柄は葉のほぼ中央についています。

葉の上面（画を参照）は濃い緑色をしていて、とても複雑な凹凸があります。その様子を強いてたとえると、日本アルプスの立体模型のような感じといえるでしょうか。上面にもトゲはありますが、比較的短いものです。一方、葉の下面（写真参照）は紫色で、薄緑色の隆起した葉脈が円い葉の全体にわたり、計算されづくしたように整然と網目模様をつくっています。葉脈に沿って、長くてしっかりとしたトゲが生えています。

このように、オニバスの葉の上面と下面はまったく異なった様相を呈していて、造形的にもっと着目されてもよいのではないかと思います。

オニバスは、水中で開花をせずに種子をつくる閉鎖花をつけることが知られています。ニワトリの卵くらいの大きさの果実の中に一〇〇個くらいの種子をつくります。種子は、散布されたときは浮遊性があるので、水面を漂って分布を広げることができます。その後、種子は池の底や土中に落ち着いて、発芽のチャンスを待ちます。前述したように、土壌中に存在する発芽能力のある種子を「埋土種子《まいどしゅし》」と呼びますが、自然環境において、多様な植物種が競争・共存する場合の重要な出発点となります。

オニバスの種子は、何十年も埋土種子として存在することが知られています。大きくて、トゲのたくさん生えるオニバスが突然生えてきてニュースになることもあります。夏から秋にかけて水面に花を咲かせるオニバス、赤紫の花弁にはトゲがありませんのでほっとします。

秋

常林寺はハギの名所として有名です。京都では9月中旬にハギの花が盛りを迎えますが、この写真は8月上旬なので伸び盛りのころです。山門の向こうは賀茂川と高野川の合流地点です。常林寺の敷地は砂地で水はけがよく、ハギの生育に適しているそうです（2012年8月撮影）

ミズアオイ

九月というのは、あまり好きな月ではありませんでした。学校に通っているころ、八月は長い夏休みです。当然、休みの間は楽しいのですが、九月に入ると学校がはじまり、真夏の暑さとは違う残暑、気だるさが生じます。社会人になってからも、九月に対するイメージは同じようなものでした。でもなぜか、ここ二〇年ほどはそのように思わなくなりました。ミズアオイが咲くのは、そんな九月です。

図鑑で知っていても、その植物自体を見たことがないということは、よくあることです。ミズアオイはそんな植物でした。小学校六年生のとき、家から電車で二駅行った街の本屋で、本格的な植物図鑑を初めて父に買ってもらいました。その街では一番大きな本屋で、壁一面に張り付いた書棚のずいぶん高い所に三冊揃いの図鑑が並んでいました。保育社が発行する『原色日本植物

(学名：*Monochoria korsakowii*)
ミズアオイは高さ50センチくらいになり、沼地などに生えます。やさしい曲線で構成された水草です。

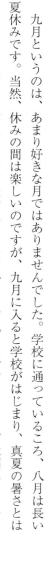

図鑑』で、現在でも広く使われている図鑑です。三冊を見比べて、一番花がきれいだと思った「草本編Ⅲ」を買ってもらいました。ラン科やユリ科の植物が掲載されているものです。

この図鑑は今も私の手元にあり、奥付を見ると、「昭和四十二年（一九六七年）十二月二十日十二刷発行」と書かれています。日本に野生として生えている草を、図版と文章で解説したものです。前半は美しい花が多く、後半になるにつれ、カヤツリグサ科やイネ科などの地味なものが掲載されています。その地味な図版のなかに、ひときわ目を引く植物がありました。それがミズアオイでした。大きな紫色の花がいくつも穂になって咲いているという、とても艶やかな図版が描かれていました。

それから、ずいぶん時が経ちます。初めて実際のミズアオイを見たのは二〇〇六年九月です。北京郊外にある壮大な庭園「頤和園《いわえん》」の浅い池の中に、ハス、スイレン、アサザ、オモダカの仲間とともに生えていました。薄紫色の清々しい花を見たとき、「ああ、ミズアオイだ」と心の中で叫んでしまいました。図鑑の記憶が現実に結び付いた瞬間です。植物図鑑で見てから三七年という年月が経っていました。

そして、その翌月、京都で再びミズアオイを見ることができました。すでに花は終わっていて果実が実り、葉も大半は枯れていました。元は沼であり、五〇年以上前に干拓され、その後、埋め立てられた場所でした。少し前に土木工事の関係で重機によって掘り起こされ、元の沼の地層が出て、小さな池のように水が溜まったところにミズアオイなどの水草が生えていたのです。

いったい、どういうことなのでしょうか。恐らく、干拓前の沼に生えていたミズアオイの果実から散布された種が、生きたまま土の中に留まっていたと思われます。五〇年以上が経ち、その種が偶然に、適切な水分条件のもとで地表近くに出てきて、芽を出したと考えられます。

庭の手入れをしたことのある人なら、抜いても抜いても芽を出す雑草を苦々しく思っていることでしょう。庭の土の中にはたくさんの雑草の種子が含まれていて、条件が整うと芽を出すのです。土の中に深く埋もれている間は発芽せずにじっとしていますが、人が土を掘り起こしたりして土の表面近くに種子が移動すると、光の刺激などを受けて発芽を促すことになるのです。

このように、土の中には生きた種子がた

中国屈指と称される名園「頤和園」は、北京市の北西約10km にあります。広さは290万平方メートルあり、広大な昆明湖畔に中国風の建築物が美を競っています。佛香閣は、そのなかでもひときわ目立つ建築で頤和園のシンボルとなっています。1998年、ユネスコの世界遺産に登録されています（2006年９月撮影）

くさん含まれていて、それらを「埋土種子《まいどしゅし》」（一五九ページ参照）と呼んでいます。文字どおり、土の中に埋もれている種という意味で、英語では「Seed bank《シードバンク》」と表現されます。種が（土の中に）貯えられているというイメージです。

　埋土種子から嫌な草が生えてくると、「また雑草が生えた。きりがない、嫌だね」と普通はいわれるのですが、ミズアオイのような場合だと、「埋土種子から昔の稀少な植物が再生した。すごいね！」ということになります。

　ミズアオイという名は、葉がウマノスズクサ科のフタバアオイ（*Asarum caulescens*）によく似ていて、水辺に生えるからだといわれています。このフタバアオイは徳川家の家紋や京都の「葵祭」（毎年五月一五日）で用い

フタバアオイ（左）とミズアオイ（右）の葉。葉の輪郭は酷似しています。葉脈がまったく異なることが興味深いです

られているので、とても馴染みのある植物といえます。掲載した写真で両者の葉を比較してみてください。葉の形はとてもよく似ていることが分かります。

ミズアオイの花びらの色は、いったい何色と表現すればいいのでしょうか。「薄紫色」、いや「薄青紫色」のほうが近いような気がします。でも、今ひとつしっくりこないので、画を描いていただいている新部《しんべ》さんに尋ねてみました。画は水彩絵の具で描かれていますが、この花びらの色を絵具からつくり出すのにずいぶん苦労されたとのことでした。

「あえて表現するとすれば、『みずあおい色』ではないでしょうか」

という回答でしたが、涼しげで上品な色がイメージされてきます。紫色はムラサキという植物の根を用いた染色からつくられた概念ですから、ミズアオイの花びらから「みずあおい色」ができるのは自然なことです。

図鑑で見た植物が、数十年後、目の前に現れました。土の中にずっといた種が、数十年後に花を咲かせるかもしれません――ミズアオイは「時の流れ」を考えさせる植物なのです。

シクラメン

一二月ごろ、シクラメンの鉢植えが我家にやって来ました。母が自ら買う場合もありましたし、私が買ってもらうこともありました。小学校の高学年のころです。

シクラメンの葉は肉厚のずいぶんとしっかりとしたもので、それをかき分けると、水鳥の頭と首のような蕾がたくさん並んでいました。最近はプラスチック製の鉢が多いですが、かつては焼きのあまい素焼きのものが多くて、ちょっとぬるっとしたコケが生えていたりしました。

葉の下に隠れているたくさんの蕾のうち、半分以上はそのままスクスクと大きくなって、葉の上に出てきれいな花を咲かせるのに、一部の蕾は付け根の部分が腐ってしまいました。腐った蕾は指でつまんでひっぱると、音もなくスルッという感じで簡単に取れました。

（学名：*Cyclamen* sp.）ローマ市郊外の林の中に咲いている野生のシクラメン。この種では、9月に花が咲き、その後、葉が伸び出てきます。

おだやかに　意志を固めて　シクラメン　（楽）

シクラメンの草姿、花姿には、やさしさとともに凛とした雰囲気を感じます。この花のように、背筋を伸ばして生きてゆきたいという作者の意志が示されているような作品です。

時と場所が変わり、それから約四〇年後、二〇〇四年のクリスマスのころ、私はローマ市郊外のフラスカーティという町のはずれにある森にいました。一緒だった家族は市内観光を楽しんでいたのですが、私は一人、市街から二〇キロほど離れたこの町にある雑木林に入りました。イタリアの里山に興味があり、雑木林のありそうな所を地図で選んで、地下鉄とバスでやって来たのです。

この雑木林は、ドングリのなるコナラ属の常緑樹が優占する林でした。その林床《りんしょう》に、野生のシクラメンを見つけたのです。厚肉の斑入りの葉を見て、すぐにそれと分かりました。たくさん生えていましたが、一二月の林の中ではさすがに生き生きとした葉ばかりで、花はまったく咲いていませんでした。

翌年の九月、再びローマに行く機会に恵まれました。そして、同じ林に足を運びました。見事なまでに、野生のシクラメンの花盛りです。林床には、まるで日本の春の里山にタチツボスミレが咲くようにシクラメンが咲いていました。シクラメン・ヘデリフォリウム（*Cyclamen hederifolium*）というヨーロッパ南部からアナトリア半島（トルコ）西部に分布する種でした。

掲載した画は、そのときの状況を描いたものです。

手元の資料によると、ローマの降水量は一〇月と一一月をピークとして気温の低い期間に多く、夏季はほとんど雨が降りません。典型的な地中海式気候の地域です。一方、東京や大阪の降水量は、六月と九月をピークとして夏季に多く、冬季に少ないという特徴があり、ローマとはまったく異なっています。

画には、二つの螺旋状のものが描かれています。これは、花が終わって、花茎がクルクルと巻き取られた状態です。この植物の仲間が「シクラメン」と呼ばれるようになったのは、この性質があるからです。

ギリシャ語で「円」を意味する「*kyklos*《キクロス》」から名付けられたと考えられています。インド洋で発生する熱帯低気圧のサイクロン、そしてサ

左は野生のシクラメン（ローマ市郊外）、右はカンアオイ（鈴鹿山脈）です。分類学的には異なるグループであるのに、葉の形、模様など外観がよく似ています。

イクロン掃除機も同じ語源です。

シクラメンには、「ブタノマンジュウ（豚の饅頭）」とか「カガリビバナ（篝火花）」という別名があります。前者は根茎、後者は花の様子から命名されたものですが、これらの別名はほとんど使われていないでしょう。

シクラメン属は、地中海沿岸の地域を中心として約二〇種が自生しています。私たちがよく目にするシクラメンは、「シクラメン・ペルシクム（*C. persicum*）」という一種のみを改良したものです。ペルシクムは、他のシクラメンと異なり、花茎が螺旋状に巻かないことが知られています。日常にお

フラスカーティのランドマークといえば、何といってもビラ・アルドブランディーニでしょう。この地域で最大の別荘だそうで、小高い丘の中腹に堂々と建っています。シクラメンを観察したのはこの森の一画です。この町はブドウの栽培に適しており、古代ローマの頃から白ワインの産地として有名で、町の至る所で販売されています（2005年9月撮影）

いて「シクラメンの螺旋」を見ないのは、このことに起因しています。一般的なシクラメンを観察すると、根元には丸い根茎があり、花はまるで篝火《かがりび》のように咲き乱れています。ブタノマンジュウとカガリビバナは、このような実態をうまく表現していると思います。一方、広く用いられている「シクラメン（螺旋）」という言葉ではこのような実態が表されていないというのは、何とも皮肉な話です。

ローマ市郊外にある林と日本の林を比較して、景観的に、シクラメンが日本のカンアオイの仲間（*Asarum* sp.）に似ていると感じました。林床の低い位置に葉を広げること、葉の形がハート型であること、そして葉に模様があり、それが個体変異に富むことなどです。カンアオイの「葉の芸《はのげい》」(1)は古典園芸植物として江戸時代から鑑賞されていますし、シクラメンの葉芸も、イギリスなどでは原種シクラメンにおいて鑑賞の対象となっています。園芸文化においても類似性があるといえます。

自然における景観的な位置づけと園芸文化において、日本と西洋というかけ離れた地域で、分類上まったく異なる二つの植物が類似のポジションをもっているというのは、何とも不思議なことだといえます。

（1）一六〇ページに掲載した変化朝顔《へんかあさがお》において、花や葉の変わった度合いが高く、鑑賞価値が高いことを「よい芸をしている」と江戸時代では表現していました。葉や花、それぞれを指す場合は、「葉芸」「花芸」と呼ばれます。

マルバハギ

中学校の中庭に土俵がありました。少し離れた所に植え込みがあり、枝垂《しだ》れの大きなハギの株があったことを覚えています。冬には根元できれいに刈り取られ、暖かくなると白緑色の芽がたくさん出て、どんどん成長しました。

茎の先端は大きく垂れ下がるのですが、それでも全体の高さは二メートル以上あったでしょうか。秋には、白い花を枝先にたくさんつけて、それは美しいものでした。このハギがどの種であったかは、今となっては調べる術《すべ》もありませんが、草姿から考えると、白花のミヤギノハギだったかもしれません。

家から自転車で一〇分くらいの所にある岩盤の露出した小山には、膝くらいの高さに育つマルバハギが生えていて、秋空の下、赤紫の花を楽しむことができました。掲載した画は、そのマル

(学 名：*Lespedeza cyrtobotrya*)
日本人の心をとらえるハギ。夏の暑さが日々和らいで涼しさに移行してゆくころ、枝先に小さな花々をつけます。この植物に、大切な人を思う心を込めてたくさんの歌が詠まれました。

バハギのひと枝をていねいに描いていただいたものです。三枚の小葉からなる葉と、十数輪からなる花穂です。

葉は、かなりしっかりとした硬いものです。マメ科特有の形をした数輪の赤紫の花が咲いています。このような花を「蝶形花冠《ちょうけいかかん》」、一番上の大きな花びらを「旗弁《きべん》」と呼びますが、旗弁には濃い赤紫の模様が入っています。

『万葉集』にはたくさんの植物が詠まれており、今日、万葉の植物に対するたくさんの愛好家がいます。『万葉集』が編まれて一二〇〇年以上の歳月が流れましたが、当時の歌人の心を、今の私たちは植物を通じて追体験しようとしているのでしょうか。

『万葉集』で一番たくさん詠まれている植物がハギであることはよく知られています。一四一首くらいあるそうです。『万葉集』に載っている歌は約四五〇〇首ですから、約三パーセントもの歌にハギが詠まれていることになります。

人皆は　萩を秋と言ふ　よし我は　尾花が末を　秋とは言はむ

（作者不詳　巻十の二一一〇）

人々はみな、ハギを秋の代表だという。だが私は、尾花《ススキ》を秋の代表だと言おう――何となく微笑ましい歌です。『万葉集』でもっとも取り上げられているハギが、秋の代表として受け取られていたということがよく分かる歌です。この歌に出てくるハギとススキは、ともに人里の植物であり、人々の生活に利用された植物でもあります。ハギは秋に刈り取って干し、家畜の飼料として古くから利用されましたし、ススキは茅葺屋根の材料や家畜の飼料として活用されました。

ハギやススキは、樹木が伐採されて草原ができるときの構成種です。これを「先駆植物」あるいは「パイオニア植物」と呼びます。高温多湿の日本においては、人手が加わらなくなると草原は森林に変化してゆきますので、ハギやススキは見られなくなります。『万葉集』でハギがもっとも頻度高く取り上げられたということは、人々の周りによく手入れされた里地があったということの証左になるかと思います。

いささめに　今も見が欲し　秋萩の　しなひにあるらむ　妹が姿を

（作者不詳　巻十の二二八四）

ちょっと今も見ていたい。秋萩のようにしなやかなあの娘の姿を――作者にとって大切な人の美が、秋萩にたとえて表現されています。少しの風でも揺れ動く秋萩のしなやかさが注目されています。

ハギを鑑賞するとき、多くの人は少し離れた所から鑑賞することが多いようです。斜め上、あるいは枝垂れる草姿と、そこに散りばめられた小さな赤紫の花々を集団として眺めるという方法です。ハギの花の小ささも、そのことに寄与しているのでしょう。

マルバハギは、本州、四国、九州、朝鮮半島、中国の山地に分布します。丸い葉が特徴で、茎はミヤギノハギ（*L. thunbergii*）とは異なり、直立する性質があります。またハギ属は、ヤマハギ亜属とメドハギ亜属に二分されます。私たちがハギと考える種は、ヤマハギ亜属に分類されています。ヤマハギ亜属は東アジアのみに分布しており、ハギに対して、日本的あるいは東洋的な感覚を覚えることと分布はよく一致しています。ヤマハギ亜属には約一三種があり、そのうち約一〇種が日本に生えていますので、分布の中心は日本であるといえるでしょう。

ハギは「生芽《はえぎ》」に由来するとされています。毎年、春に古株から芽が出てくるさまです。私たちが現在使用している「萩」という漢字は、日本であてた国訓《こっくん》であり、万葉仮名では「波疑」や「芽子」と表現されています。

和菓子の御萩《おはぎ》は、小豆餡の様子をハギの花に見立てたからだそうです。同様に牡丹餅《ぼたもち》は、ボ

真夏の常林寺の境内には、石畳の参道の両脇にハギが無数の枝を青々と伸ばしていました。9月になると、ハギの花を求めてたくさんの人が訪れます（2012年8月）

タンの花に見立てたものだそうです。諸説あるようですが、それぞれの花季に応じて、春には「ぼたもち」、秋には「おはぎ」と呼ぶようです。

私が小さいときも、そのように区分していたかもしれません。あのころは、自宅あるいは叔母さんの家でおはぎをつくってもらって、一度にたくさん食べたことを覚えています。この原稿を書いている日、お店でおはぎを買おうと思いましたが、売り切れていました。代わりに豆大福を買って、おいしくいただきました。

ハギが落花すると本格的な秋のはじまり、「食欲の秋」となります。

8月初旬のハギ。蝉の声だけが響きわたり、夏の木漏れ日が萩の葉に濃淡を描いていました（2012年8月、常林寺にて撮影）

オオヤマジソ

(学名：*Mosla japonica* var. *hadae*) 二輪の淡いピンクの花がちょうど満開のオオヤマジソ。高校3年生の時に撮影した写真を元に描いていただきました。花の下にあるのが苞で、端正なハートの形をしています。苞の下にあり一回り大きいのが葉です。

野山を歩いて、いろいろな植物との偶然の出会いを楽しむというのは、とても素敵なことです。その逆に、ある特定の植物を求めて何度も野山に出掛け、探索を繰り返すというのもいいのではないでしょうか。

かつて、家から自転車で一〇分余りの小さな山に「幻の植物」が生えているということを本で読んで興味をもち、小学校六年生くらいから中学生にかけて、何度となく探しに行きました。このころには、かなり植物好きの少年になっていました。

手掛かりになったのは、その植物の名前「オオヤマジソ」、当時すでに買ってもらっていた『原色日本植物図鑑（草本編Ⅰ）』（保育社、一九六七年）の説明文と近縁種の絵でした。オオヤマジソの説明文を抜粋すると次のようになります。

葉は卵形、カルバクロールをふくむ。花序はまばらに長く伸びて苞（ほう）は卵円形で大きく長さ六から一四ミリメートルとなる。

「カルバクロール」とは何か、「苞」というのはいったいどういう意味なのか、当時の私にはよく分かりませんでした。そして、中学校二年生の秋、一九七一（昭和四六）年一〇月二八日、兵庫県高砂市阿弥陀町の宝殿山（六五メートル）にある生石《おうしこ》神社近くの斜面で、目的のオオヤマジソのような植物を見つけたのです。

・姿が図鑑の絵に似ているように思う。
・葉をちぎって指で揉むと消毒薬のような臭いがする。
・こんな奇妙な臭いを嗅いだことがない。

新しいノートに日付と略図を書き、このような

生石神社には「石の宝殿」という巨大石造物があります（写真手前）。形状は突起が横向きに張り出した直方体で、その一辺は約6ｍで、重さは465トンと推定されています。『播磨国風土記』（８世紀）には「大石」として記載があるほか、シーボルトの『日本』（1832年～1851年出版）には石の宝殿のスケッチが３枚も掲載されています（2005年10月撮影）

メモを書き加え、採集した高さ一〇センチくらいの個体をセロテープで張り付けました。「オオヤマジソのような植物を見つけた日」から五〇年近くの歳月が流れました。この日は私の記念日になっていて、誕生日と同じくらい重要な日となっています。毎年一〇月になると、だんだん近づいてきたなと意識をして、当日を迎えています。

オオヤマジソは、シソ科イヌコウジュ属の一年草です。葉がシソに似ていて山に生えるヤマジソ（山紫蘇）という植物があり、その変種として分類されています。変種というのは、種ほどの違いはないが、形態的な変異が認められるものという意味です。オオヤマジソは、ヤマジソよりも苞《ほう》が大きいということなどの違いがあります。苞とは、花や花序の基部にあって、蕾を包んでいた葉のことです。

オオヤマジソが自生している岩盤の斜面を、下向きに撮影しました。岩が風化した土壌が岩盤のくぼみに浅く堆積しており、そこに耐乾性のある植物が群落をつくっています。オオヤマジソはこのような場所に生えているのです（2010年10月、宝殿山にて撮影）

画をご覧になると、苞と葉にはその形や縁の凹凸の有無といった点で違いのあることが分かるかと思います。

オオヤマジソは、一九〇七（明治四〇）年に陸軍薬剤少将の羽田益吉《はだますきち》（生没年不明）により、初めて高砂市の「石の宝殿」（一八八ページの写真参照）で採集されたそうです。それ以来、多くの人が探したのですが、誰も発見できなかったので「幻の植物」と呼ばれていたのです。

オオヤマジソの学名にある「*hadae*」というのは採集者からの献名で、東京大学教授で植物分類学者の中井猛之進《なかいたけのしん》博士（一八八二～一九五二）が命名しました。「*hada*」ではなく「*hadae*」となっているのは、学名はラテン語なので語尾が変化したものです。

一九七三（昭和四八）年、私は地元にある加古川東高校に入学し、生物部に入部しました。生物部の顧問をしていた杉田隆三先生は植物の研究で有名な人でしたので、当然のように私はオオヤマジソについて相談をしました。一九六〇（昭和三五）年に兵庫県生物学会から発行された『兵庫の自然』（のじぎく文庫）に、杉田先生は特殊な植物としてオオヤマジソについて書いています。興味をもっていた植物について生徒が相談をもちかけたということで、とても喜んでおられました。

杉田先生は、私が採集した標本について、シソ科の研究をされている京都大学の研究者に鑑定の依頼をされました。翌年の一九七四年に鑑定結果が出て、その標本がオオヤマジソであることが分かりました。羽田氏が採集してからは採集記録のなかった植物が再発見されたわけです。杉田先生の計らいで、高校一年と二年のときに〈神戸新聞〉に記事が載りました。見出しは、一回目は「珍種オオヤマジソ?」、二回目は「はやり、〝オオヤマジソ〟だった」でした。

　時は流れ、二〇〇六（平成一八）年に京都大学総合博物館の収蔵庫を利用したとき、シソ科の棚を見てみました。よく整理された標本棚から、すぐに私が採集したオオヤマジソが、きれいな標本として目の前に出てきました。一九七三年一〇月二〇日、すなわち高校一年のときに採集したもので、私の名前だけでなく高校の名前も記入されていました。目立たない、どこにでもありそうな草が大切に保管され、自然科学の一つの事実として活用されている――この偉大さ、すばらしさを感じることになった体験でした。

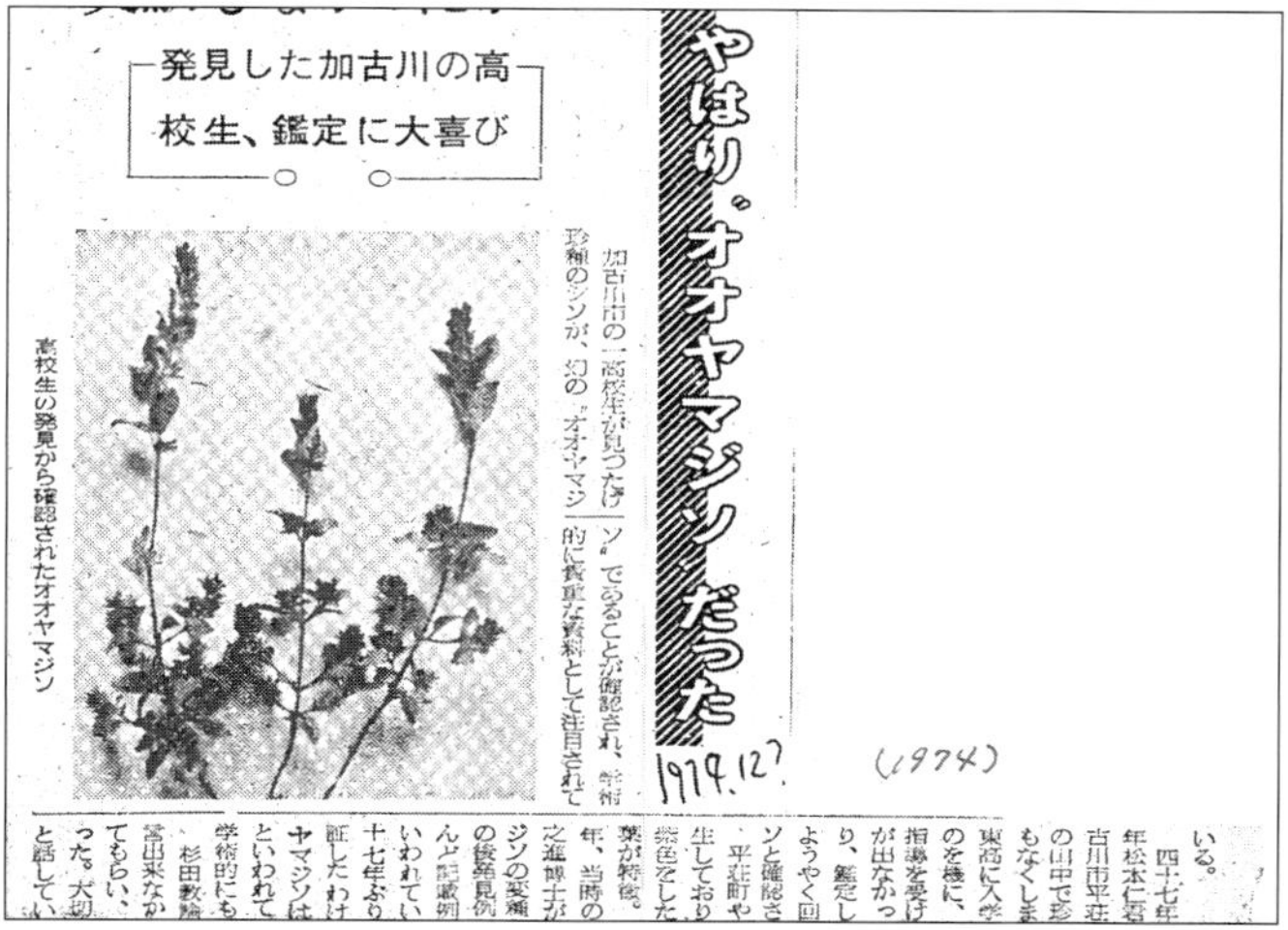
やはり〝オオヤマジソ〟だった

発見した加古川の高校生、鑑定に大喜び

加古川市の一高校生が見つけた珍種のシソが、幻の〝オオヤマジソ〟であることが確認され、学術的に貴重な資料として注目されて

高校生の発見から確認されたオオヤマジソ

1974.12.7

(1974)

1974年12月、神戸新聞に記事が掲載されました

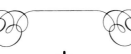

カリガネソウ

(学名 : *Caryopteris divaricata*)
雁が北国から日本に渡ってくるころに咲いた薄紫色のカリガネソウ。秋風のなか、ゆっくりとした周期で揺れていると、やさしい音楽が聞こえたような気がしました。

画の草花をゆっくりとご覧ください。この秋草が、軽やかな音楽を奏でているような気がしませんか。

カリガネソウとの最初の出会いは、京都府立植物園の小さな雑木林の中でした。ちょっと薄暗い林床《りんしょう》で、薄紫色の五弁の花が秋風に身をまかせて揺れていました。カリガネとは鳥のカリ（雁）のことで、「空を飛ぶカリのような形の花を咲かせる草」という意味です。背の高い茎の上に何羽ものカリが飛んでいました。

カリは大型の水鳥で、秋に日本にやって来て、春には北国に渡ってゆきます。その数はカモ（鴨）ほど多くありませんから、野生のカリをご覧になった人はそれほど多くないと思います。古くから人々の関心を惹いていたからでしょう、この鳥を表す言葉として、カリ（雁）、カリガネ（雁金、雁）、ガン（雁）などがあります。時代とともに変化してきたようで、現在では「ガン」という言葉がよく使われているような気がします。

カリガネソウは日本、朝鮮半島、中国大陸に分布し、山の谷間や木陰などに自生するクマツヅラ科の多年生の草本です。高さは一メートルくらいになります。カリガネソウ属は東アジアからヒマラヤにかけて約一〇種あります。クマツヅラ科、あまり聞きなれない科かもしれませんが、南洋材のチーク、花壇によく植栽されるバーベナ、秋の実を愛でるムラサキシキブなど、お馴染みの植物が含まれているグループです。

カリガネソウの花をよく観察してみると、花筒が細長く伸び、先が五裂しています。雄しべと雌しべが長く、花弁の外に湾曲し

地元の方々が、この植物の保護活動を行っています（2014年11月、京都府大山崎町久保川にて撮影）

て伸び出ています。帆掛け舟のようにも見えることから、「ホカケソウ」という別名もあります。

園芸好きの人なら、同じくクマツヅラ科のブルーエルフィン（*Clerodendrum ugandense*）をご存じかもしれません。「エルフィン（elfin）」は妖精ですから、直訳すると「青い妖精」となります。英語名は「blue butterfly bush《ブルーバタフライブッシュ》」が一般的となっています。「青い蝶の低木」と訳せばいいでしょうか。属名は、「運命」という意味の「*cleros*」と、「樹木」という意味の「*dendron*」を組み合わせたそうで、ちょっと気になる名前となっています。この植物はウガンダやケニアなどの東アフリカが原産で、種小名の「*ugandense*」は原産地のウガンダに由来しています。

ブルーエルフィンはクサギ属の一員ですが、この属は世界の熱帯や亜熱帯を中心に分布しており約四〇〇種あります。山野の路傍でよく見るクサギが、この属の代表といえます。

カリガネソウとブルーエルフィンを並べて撮影した写真をご覧ください。二輪の距離は一センチくらいでしょうか。属は違うものの同じ科の仲間です。元来自生している場所は、それぞれ東アジアと東アフリカです。東京からケニアのナイロビまでの距離は約一万一〇〇〇キロあります。鳥の雁に連想されたカリガネソウと妖精や蝶になぞらえたブルーエルフィンが遠く離れた大陸に生えているなんて、ちょっとした驚きを覚えます。

本来会うことのない、でも近縁の植物が、面と向かってどんな会話をしているのでしょうか。『万葉集』から一首引用します。

雁がねの　声聞くなへに
明日よりは　春日の山は
もみちそめなむ
（読み人不詳　巻十の二一九五番）

雁がねの鳴き声が聞こえるようになったからには、明日からは春日の山は色づきはじめるだろう――『万葉集』にカリガネソウの歌はないでしょうが、カリを詠んだものはたくさん知られています。カリの声を聞いたのは夕暮れ時でしょうか。その声により秋の深まりと、春日山の木々の紅葉のはじまりを予見しているようです。

このときのカリは、おそらくV字型の雁行《がんこう》をしていたのではないかと推察します。その声もゆっくりとした間隔

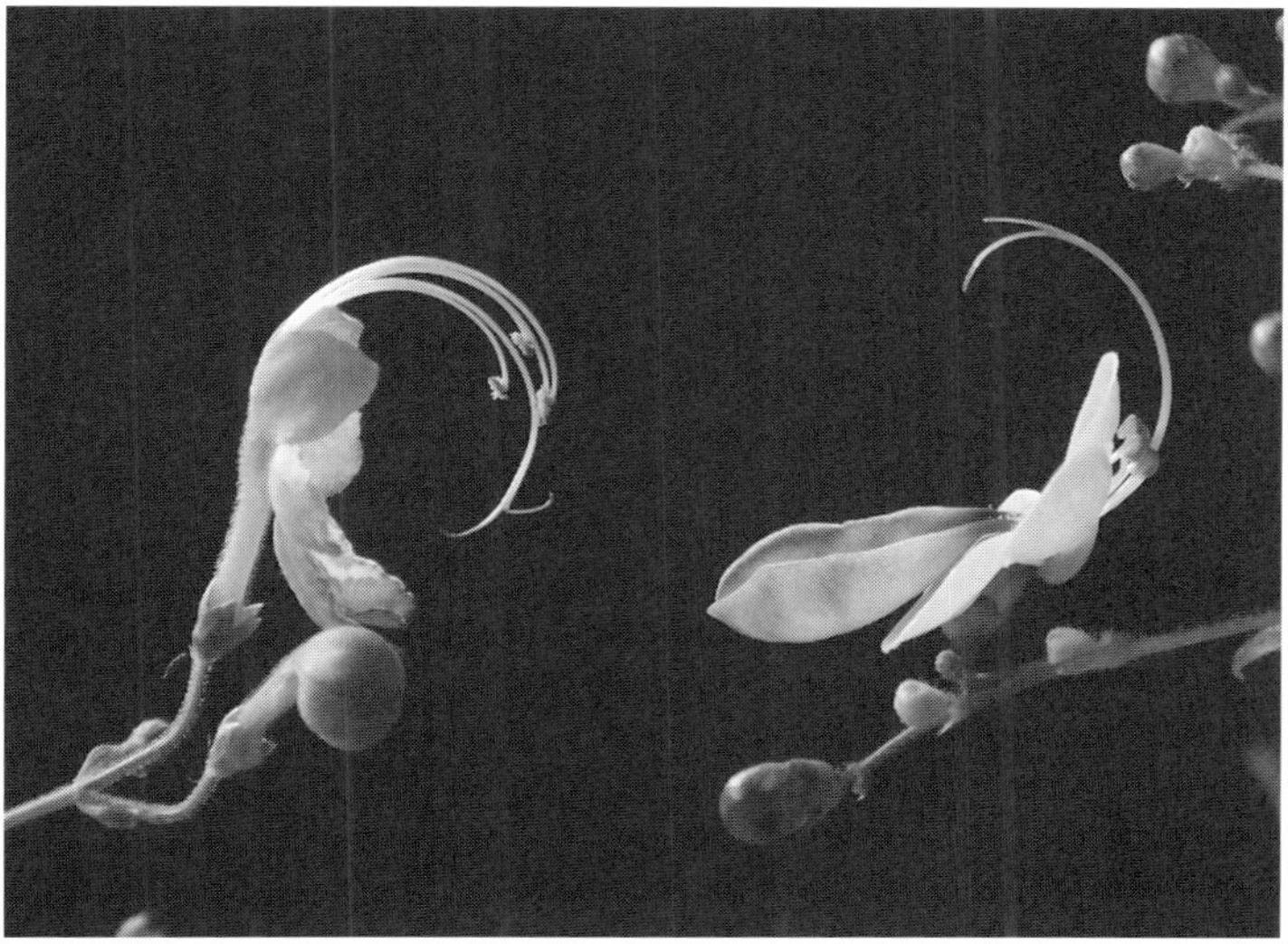

東アジア原産のカリガネソウ（左）と東アフリカ原産のブルーエルフィン（右）を並べてみました。花の構造は基本的に同じですが、それぞれに特徴があります。植物の進化の妙を感じます（2011年10月、自宅にて撮影）

で、冴えわたるものの寂しさが漂っていたことでしょう。

日本ではカリの仲間の飛来数はそれほど多くありませんが、アメリカでカリの大群を体感したことがあります。一九八四年一一月二五日、アメリカ西南部ニューメキシコ州にあるボスケ・デル・アパッチ国立野生生物保護区を訪ねたときのことです。

体の白いカリであるスノーグース（和名ではハクガン）の大群が、目の前の湿地で餌を食べていました。私が車のエンジンをかけたのと同時にスノーグースは飛び立ちはじめ、短時間のうちにすべての鳥が飛び立ってしまいました。そのときのフィールドノートには、「カメラのファインダーの中が、全て白い鳥でうずもれてしまった。二〇〇〇羽はいると思う。カッカカッカカーと鳴いている」と書きました。

カリガネソウとカリは秋の風物詩です。晩秋の風情を大いに楽しみたいです。

ダリア

小学校低学年のころ、家と小学校の間に文具店がありました。夜、宿題をしていてノートを使い切ってしまうと、もらったお金を握りしめて、暗い道をその文具店まで走ったものです。今は暗渠《あんきょ》になっていますが、農業用水に沿った道です。暗い道を歩くのは何だか心細くて、一所懸命に走ったことをはっきりと覚えています。体が軽くて、いつもより早く走れているような感じがしました。

その文具店の横が畑になっていて、大輪のダリアが栽培されていました。畝が整然と並んでいて、野菜を栽培するような感じでした。秋になると、黄、桃、白、赤など、直径一五から二〇センチくらいの大きな花がたくさん咲きました。あの畑は何だったのかと時々思い出すことがあります。鑑賞用というよりは、球根を採るためだったのかもしれません。

（学名：*Dahlia* sp.）美しく咲きほこるダリア。白い花弁の先端が鮮明にピンクに色づいていて、一輪だけでも十分な存在感があります。品種数は3万を超えるとされており、園芸植物のなかで最も多いといわれます。

料理の分類に「洋食」というジャンルがあります。欧米から日本に導入された料理のことで、日本人に適応するように変化したもので、カレーライス、ハヤシライス、オムライス、コロッケなどがその代表です。海外からやって来たのは知っていますが、かなり日本風になっていて、時には日本古来の料理よりも身近な感じをもってしまう料理かもしれません。

ここで紹介するダリアは、まるで「洋食」のような花だと思います。日本の風景にすっかり馴染んでしまった、海外から来た花なのです。

物心のついたころ、家の庭にダリアが植わっていて、毎年秋になると直径六センチくらいの半八重咲き(2)の真紅の花を咲かせていました。中心には黄色い雄しべが鮮やかで、葉っぱをちぎるとちょっと癖のある独特の臭いがしました。

根っこを掘り起こすと、サツマイモみたいなイモが茎の周りに放射状についていました。当初、ダリアの根はジャガイモの根茎のように食用として期待されたようですが、おいしくなかったので食用としての利用は進まなかったようです。「花より団子」ならぬ「団子より花」だったわけです。

ダリアの故郷はメキシコやグアテマラで、標高の高い地域に自生しています。実物が最初にヨーロッパに入ったのは一七八九年（フランス革命のあった年）で、スペインに入りました。日本にはオランダを経て、長崎に江戸後期の一八四一（天保一二）年にもたらされたと考えられています。一八〇年近く前のことです。

ダリアには花の大きさや花弁のつき方でいくつもの品種があります。ちょっとサボテンの花に似た「カクタス咲き」、中心の筒状の花が発達した「アネモネ咲き」、平たい花弁が八重につく「デコラティブ咲き」、花全体が鞠のようになる「ポンポン咲き」など、いろんな花形を見ていると楽しくなってきます。

ダリアが元々生えていたのはメキシコ高原なので、高温を好まず冷涼な気候を好むという性質があります。日本での栽培適地は東北地方や北海道だそうで、関西以西ではダリアも暑がるようです。ヨーロッパを旅行するとダリアがきれいに咲き乱れている光景を目にすることがありますが、ヨーロッパの夏は関西よりも涼しいですから、栽培しやすいのでしょう。

ダリア属の学名は、先に挙げたとおり「*Dahlia*」といいます。学名の読み方がそのまま和名になっているのです。この名は、スウェーデンの植物学者アンダース・ダール（Anders Dahl, 1751～1789）にちなんでいます。彼は、ウプサラ大学で、分類学の父と称されるカール・フォン・リンネ（四七ページ参照）のもとで植物学を学びました。ダール自身は三八歳という短い人生でしたが、彼の名前は新大陸原産のキク科植物の名として、現在もずっと生き続けているのです。リンネやダールのゆかりの町であるウプサラを訪れたことがあります。スウェーデンの首都ス

（2）　花弁または花弁のように見えるものの数は植物の種類によってほぼ一定していますが、それらの数が正常なものに比べて多くなっている奇形を「八重咲き」といいます。正常の二倍程度のときを「半八重」、著しく多いときを「八重」と呼ぶこともあります。

トックホルムから北へ七〇キロほどの所にある大学の街です。北緯六〇度ほどで、アラスカのアンカレッジとほぼ同じです。間もなく冬至という日で、日中でも太陽は地平線の近くにいて、建物や人々の影がとても長く地面に這っていました。快晴なのに、何となく薄暗い昼間でした。

リンネが研究を行っていた植物園とその敷地にある建物は、現在「リンネ博物館」となっています。リンネより四〇歳以上も若いダールも、ここでリンネの指導を受けたのでしょう。この博物館、冬季は休館になっているため入館はかないませんでしたが、リンネを偲んで博物館の周りを歩きました。植物好きな私にとっては、かけがえの

ウプサラ大聖堂は、高さが約119m、幅が約119mあり、スカンジナビア諸国で最大級の教会建築です。13世紀後半に建造がはじまり、完成までに1世紀以上がかかっています。鋭い尖塔が、ルーチョ・フォンタナの絵のように空を切り裂いていました。ウプサラで研究活動を行ったリンネは、この大聖堂に埋葬されています（2006年12月撮影）

ないひと時でした。

私が訪問してからちょうど半年後の二〇〇七年五月、リンネの生誕三〇〇年を記念して各種のイベントが行われました。天皇陛下もヨーロッパを訪問され、ウプサラ大学やロンドンのリンネ協会が主催した記念行事に出席されています。

この文章を書いていたら、来春、球根を買ってダリアを栽培してみたくなりました。ちょっと暑がるかもしれませんが、楽しみが一つ増えそうです。

スウェーデンのウプサラにあるリンネ博物館。建物の後ろには、彼が研究を行った植物園があります。（2006年12月撮影）

カンラン

カンランは「寒蘭」で、その名のとおり、寒くなるころに花を開きます。秋が深まってくると花芽《はなめ》が急に伸び上がってきて、四〇センチくらいになると数輪の花を咲かせます。

画をご覧ください。カンランは六枚の弁からなる端正な花をつけます。細長く上方に伸びるものが背萼片《はいがくへん》、細長く左右に伸びるのが側萼片《そくがくへん》、中央部の横に伸びる二枚が側花弁、中央部分から下に垂れさがる花弁は、その形から唇弁《しんべん》と呼ばれています。この花の大きな特徴は、芳香を有することです。それほど強くはないものの、甘くて清々しい香りを放ちます。この形をもう一度よく見てみると、葉、花弁がともに線形が基本となっていることが分かります。緩やかなカーブをした線からなる植物です。

二〇〇三年に、園芸店の通信販売で一株のカンランを買いました。自分で焼き上げた乳白色の

（学名：*Cymbidium kanran*）秋が深まるとカンランの花の季節となります。端正な姿や香りは、多くの日本人に愛されています。園芸目的の乱獲により、現在では野生株を見いだすことは非常に困難な状態になっています。

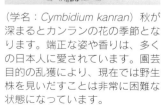

植木鉢に植え込んで、北側の窓辺の外に置いて丹精していると、毎年というわけにはゆきませんが、二年に一回くらいの頻度で花を咲かせてくれます。

カンランはシュンラン属の多年生草本で、本州中部以南の日本、中国、台湾に分布し、常緑樹林に自生しています。花色は、暗緑色が一般的ですが、個体変異があり、赤色、黄色、白色などが知られています。採集された地名を付けて、「紀州寒蘭」、「土佐寒蘭」、「薩摩寒蘭」のように呼ばれています。

カンランのもつ独特な気品のある東洋的な美は、全国に多くの愛好者がおり、山採り(3)のちょっとした変異品にも品種名が付けられ、高

空を背景にして寒蘭の花を撮影しました。一輪をクローズアップすることにより、萼片に入る縞模様、唇弁にある点模様がはっきりと認識されます。ランの花としては、とてもシンプルな印象を受けます（2011年11月、自宅にて撮影）

（3）盆栽素材の入手方法の一つで、山に自生している自然木を掘り起こして鉢に入れ活着させること、またはその素材を指しています。

額で取引をされることがあります。

温帯に生える地生蘭は、種子が発芽すると共生菌から養分を得て地中に根茎を形成し、やがて樹枝状に発達した根茎の一部は地表に伸びて芽生えとなります。一般的な植物（たとえば、アサガオやヒマワリなど）では種子が発根・発芽して成長しますが、共生菌は関与しておらず、温帯に生える地生蘭とは大きく異なります。

カンランの野生株は、発見されるとすぐに園芸目的で採集されてしまいます。採集は地表にある株だけでなく、地下部の根茎も狙われることがあり、山の斜面を鋤《すき》で掘り返したことさえあったといいます。園芸は、時により愛好家を熱狂させたことを歴史が実証しています。カンランに見られる野生株への徹底的な採集の圧力は、そのなかでも異常なものであったといえます。

「カンラン」という呼び名の植物はいくつかあります。甘藍、橄欖、寒蘭、すべてカンランです。日本語には同音異義語が多いとはいえ、何ともややこしいことです。ちなみに、甘藍はキャベツの別名であり、橄欖はカンラン科の東南アジア原産の高木で果実を食用に利用します。また「橄欖」は、オリーブの誤訳としても知られています。

シュンラン属（*Cymbidium*）には約四四種があり、日本には七種が自生しています。属名はギリシャ語の「船状の形（kymbes）」に由来しており、唇弁《しんべん》が船底形をしていることから命名されました。シュンラン属の一種に、共生菌に依存した腐生生活を行うマヤラン（*Cymbidium macrorhizon*）が知られています。葉は著しく退化しており、褐色でとても小さく、「鞘状葉《さやじょうよう》」

と呼ばれます。緑色をした茎に、六月から八月にかけて三輪くらいの花を咲かせます。

　マヤランは、一八七九年に六甲山系（兵庫県）の摩耶山（七〇二メートル）にて発見され、後年、牧野富太郎（一三〇ページ参照）により、採集した山の名をとって和名が付けられました。関東では比較的発見例が多く、東京の神代植物園や井の頭恩賜公園といった都市部の公園に自生することが知られています。

　一方、最初の発見地である兵庫県においては、一一二年ぶりに兵庫県赤穂郡上郡町の大鳴渓谷にて発見されました。しかし、そこはダム建設における水没予定地域であったことから、多くの稀少な植物が二キロほど離れた播磨科学公園都市にある「大型放射光施設SPring-8《スプリングエイト》」（佐用町）のリング内にある小山に移植されました[4]。

　マヤランについては、腐生ランであるため移植は難しいと判断され、現地で採集した種子を用いた増殖が実施されました。「兵庫県立人と自然の博物館[5]」の研究者が寒天培

井の頭公園の御殿山の雑木林（2018年２月25日撮影）

地を用いて無菌栽培を行い、開花させることに成功しています。最初に開花したものは、種子を播いてから二年三か月後でした。

このように培養されたフラスコ内のマヤランを、私はポートアイランドで開催されたラン展やSPring-8の展示室で見ました。自然状態とはまったく異なる人工条件下で、マヤランは健気に花を咲かせていましたが、その親株が生えていた自生地はダム湖の底となっており、完全に破壊されています。

かつてはたくさん生えていたカンランは園芸目的の採集で急減し、元々希少なマヤランは、大規模な土木工事の折に偶然発見されても自生地での保護はかないませんでした。人為による野生植物の衰退は深刻な問題となっており、根本的な人の意識改革が必要であると思います。

（4） 地生ランのうち、葉緑素を欠き、菌根菌の助けで寄生することによって有機物を利用して生きるランのこと。光合成はしない。しかし、マヤランは少し葉緑素を含むことが知られている。

（5） 〒669－1546　兵庫県三田市弥生が丘6丁目　TEL：079－559－2001（代表）

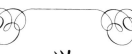

ツメレンゲ

中学生のころですからずいぶん前となりますが、兵庫県中部にある雪彦山《せっぴこさん》という標高九一五メートルの山に何度か登りました。立派な岩壁があり、ロッククライミングで有名な山ですが、私たちは一般の登山道を使っての山歩きでした。弥彦山（新潟県・六三四メートル）、英彦山（福岡県・大分県・一一九九メートル）とともに「日本三彦山」として知られる修験道の地でもあるこの山は、多様な植物が生育していることでも知られています。谷筋から山頂にかけて、四季折々の植物を楽しむことができるのです。

山頂近くの大きな岩の斜面で、ツメレンゲの小さな群落を見たことがあります。登山者の安全な昇降のために、鉄製の太い鎖がぶら下げてある崖の途中だったと思います。露出した岩場の土や落ち葉が少し溜まったような所にツメレンゲは生育します。必ずしも自然度の高い環境だけで

(学名：*Orostachys japonica*)
秋になると、ツメレンゲは中心の茎を長く伸ばします。茎の上半分にはたくさんの蕾がついています。気温もずいぶん下がった晩秋に白い花を咲かせます。ちょうど、人々が紅葉狩りを楽しむころです。

なく、コンクリートの壁面の継ぎ目や、藁ぶき屋根の上などにも生育することが知られています。他の植物と群落をつくるというよりは、他の植物があまり生えていない、露出した所に生えているというイメージがあります。

画を見ていただくと、この植物が厚ぼったい葉をしている感じがよく分かると思います。葉の断面はほぼ円形で、水分を多量に含み、「多肉植物」と呼ばれる植物の一つです。水をたくさん含んだ植物体というのは、ツメレンゲの属するベンケイソウ科の大きな特徴となっています。

ふるさとの家には、大小のツメレンゲが植木鉢の隅っこに育っています。それらは、四〇年以上前に山から少し持ち帰

ハイキング道の側、コケの斜面にツメレンゲがポツリと生えていました
(2013年11月、西宮市武庫川渓谷にて撮影)

った個体の子孫だと思います。たくさん繁殖するわけでもなく、絶えてしまうでもなく、しぶとく生き残っています。

ツメレンゲはベンケイソウ科イワレンゲ属の植物で、本州の関東地方以西、四国、九州に分布しています。根基から肉厚の葉をたくさん伸ばしています。一か所からたくさんの葉が出る様子を「ロゼット」と呼びますが、ツメレンゲでは、このロゼットの様子が仏像の台座の一種である蓮華座に似ています。また、肉厚の葉が動物の爪のように見えることから「ツメレンゲ（爪蓮華）」と呼ばれるそうです。葉の先をよく見ると、先端が針のようになっていることが分かります。植物の和名には仏教に由来するものが多いのですが、そのような例といえます。

英語名を調べてみると、「Rock《ロック》 pine《パイン》」となっていました。ツメレンゲの若い植物体がマツの毬《きゅう》果《か》である「まつぼっくり」に似ているうえに、岩場に生えるからこのような名前が付いたのでしょう。

ツメレンゲは、一稔性《いちねんせい》という性質をもっています。一稔性植物というのは、初めての開花結実後に枯死する植物のことをいいます。一般的には、一年生植物や二年生植物は除外し、二年を超えて生育し、初めての開花結実後に枯れてしまう植物を指す言葉として使われています。

生き物の成長、生殖に伴う変化が一回りする様子を「生活環」と呼びますが、ツメレンゲの生活環を見てみましょう。ここでは、三年目で開花すると仮定しました。

一粒の種子がスタートです。春に発芽して徐々に成長し、寒くなると小さな冬芽をつくって越

（上）花をつけなかった小さめの個体は、小型の葉を密着させてしっかりとした冬芽をつくります。春に伸び出すまで、ひたすらこの姿で冬をやり過ごすのです（2011年12月、大阪府吹田市にて撮影）
（左）ツメレンゲの花には、何かしら艶やかさを感じます。目を近づけてみると、雄しべの先の葯が、花粉を出す前は赤い色をしているからだと分かります。白い花弁とのコントラストがとても鮮やかです（2013年12月、大阪府吹田市にて撮影）

冬します。翌春、冬芽は成長を開始し、株がどんどん大きくなってゆきます。寒くなると再び冬芽をつくり、越冬します。この冬芽は、前年のものよりかなり大きなものとなります。その翌春、再び成長をはじめ、秋には茎を伸ばして晩秋に花を咲かせ、果実ができ、冬に種子を散布します。これで種子に戻ったことになります。

ツメレンゲは、このような種子繁殖だけでなく栄養繁殖も行っています。株がある程度大きくなると、「ランナー（Runner・走出枝）」と呼ばれる匍匐茎《ほふくけい》を出して、周りに子株をつくるのです。一稔性のツメレンゲには、ランナーを出す長い期間があります。元の株が開花結実したあとに枯死しても、子株は成長を続けるのです。つまり、一稔性の種子繁殖とランナーによる栄養繁殖をうまく組み合わせることにより、ツメレンゲという種は生き延びているわけです。

ツメレンゲや、その仲間のベンケイソウ科の植物は、クロツバメシジミ（*Tongeia fischeri*）という蝶の食草《しょくそう》として知られています。この蝶は小型のシジミチョウの仲間で、翅《はね》の裏は灰色で黒点や赤斑があり、翅《はね》の表は和名の由来となったように、一様に黒色をしています。クロツバメシジミは生息域が分断されていて、翅の模様などに地理的な変異が大きいことが知られています。これは、食草である植物が連続的に分布していないことと関係があります。

中学生のころ、同じクラスの昆虫好きの友達からカナムグラの生えている場所を尋ねられたことがあります。恐らく、彼はキタテハという蝶を探していたのでしょう。ある昆虫とその食草の関係はとても密接なものであり、その食草がなければその昆虫は生命を次の世代につなげることができません。植物を観察するだけでなく、その向こうにいる昆虫にも目を向けると世界が広がるように思います。

ただ、新しいことに興味を広げるためには、ちょっとエネルギーが必要なのかもしれません。

冬

渉成園は「枳殻邸《きこくてい》」とも呼ばれます。枳殻とはカラタチのことで、渉成園を訪れると、カラタチが大切に栽培されており、秋から冬にかけて黄色い果実を見ることができます。印月池《いんげつち》に侵雪橋《しんせつきょう》が架かっています（2016年９月撮影）

チャ

（学名：*Camellia sinensis*）チャの葉、つぼみ、花をじっくりとご覧ください。初冬に咲く清楚な白い花は、まさにお茶花としてこれ以上のものはないように思えます。チャという一種の植物が、たくさんの人々の手により世界中に広まったことを考えると、なおさらそのように思えます。

チャという植物に最初に気付いたのは、恐らく小学校の低学年だったと思います。小学校に高さ五〇センチくらいになるチャの垣根があり、寒いころになると白い花が咲きました。茶畑に見られる刈り込まれた美しい姿ではなく、枝を切り取った空洞や枯れ枝がある、あまり手入れのされていない垣根でした。時には、ドッジボールが飛んでくるような場所だから仕方がありません。そんな垣根では、白い花だけでなく、球を三角形に少し押しひしゃげたような果実も見ることができました。この果実から三つの種が出てくるのです。

通学路の途中にある村でもチャを見ることができました。お茶の産地ではなかったのですが、子ども時代には身近に見かける馴染みのある植物でした。誰かに教えてもらったのでしょう。お茶の原料になる木だということは知っていたように思います。

チャは常緑の低木あるいは高木で、中国西南部、ベトナムからインドにかけての熱帯、亜熱帯、温暖帯に自生しています。日本の森でも見られることから、日本にも自生しているという考えもありますが、海外から導入されたものが逸出《いっしゅつ》したものであるという考えが定説になっているようです。

花は一〇月から一二月ごろに咲きます。概ね、サザンカの花季と一致しているように思います。また、チャの花は、初冬以外でもポツリポツリと咲くことが特徴となっています。

「日常茶飯事」という言葉があるように、お茶を飲んだりご飯を食べたりという行為は私たちの生活に定着しているわけですが、チャからつくられたお茶を当たり前のように飲むという習慣には、自然と人との長年にわたる不思議な関係があります。

「お茶を飲むと、夜眠れない」という人がいます。これはお茶に含まれているカフェインの覚醒作用に

厳粛な修行がなされている相国寺の参道沿いに整然と植えられたチャの植込み。光沢のある常緑の葉の陰に白い花が咲きはじめていました。また、水上勉の『雁の寺』で有名となった、塔頭の一つである瑞春院には水琴窟もあります。（2012年10月撮影）

相国寺は、14世紀末に足利義満により創建されました。「相国」とは左大臣を意味します。多くの観光客が訪れる金閣寺と銀閣寺は相国寺の塔頭寺院です。境内にはよく手入れされたマツが多く、さわやかな雰囲気が漂います（2012年10月撮影）

よるものです。カフェインを含む植物というのは、チャ、コーヒーノキ、カカオノキ、マテ、ガラナなどごく少数ですが、カフェインを含む植物を自生地の人々が独自に見いだし、現在まで大切に利用してきたわけです。

古代中国の陸羽《りくう》（七三三～八〇四）が著した『茶経（三巻）』（七六〇年頃）には、チャのことが「南方の嘉木」と記されています。これが、茶に関する最古の記述であるようです。一方、『日吉社神道秘密記』では、天台宗の開祖である最澄（七六六～八二二）が浙江省天台山から八〇五年に種子を持ち帰ったとしており、大津市坂本には「日吉茶園」という最澄ゆかりの茶園があります。また、『類聚国史《るいじゅこくし》』[1]や『延喜式《えんぎしき》』[2]にも茶の記録があります。

しかし、茶が一般に広く飲まれるようになったのは、鎌倉時代以降と考えられています。日本における臨済宗の開祖で、京都の建仁寺を開山したことでも知られる栄《よう》西《さい》（一一四一～一二一五）は、二度宋に渡り、持ち帰ったチャの種を佐賀県の脊振山《せふりさん》系千石山の中腹にあった霊《りょ》

高山寺の国宝「石水院」の側に「日本最古之茶園碑」（1971年建立）があります。最古の茶園は、清滝川の対岸の深瀬《ふかいぜ》三本木にありました。この碑の横にある現在の茶園は、かつて僧房があった場所と考えられています。（2018年３月撮影）

仙寺《うせんじ》に播きました。一一九一年のことです。日本で最初に栽培されたことから、「栽培の発祥地」とされています。また、京都栂尾に高山寺を開いた明恵《みょうえ》（一一七三〜一二三二）が、栄西から三粒のチャの種をもらい、高山寺の境内に播いたことも有名な話です。大学生のころ、京都の社寺をよくめぐりましたが、高山寺にお参りしたとき、日本最古の茶園がここに造られたと知り、国宝の「鳥獣人物戯画」とともに強く印象に残りました。

栄西は『喫茶養生記』を著していることから、廃れていた喫茶の習慣を再び日本に伝えた人物であるといえます。一方、明恵は、修行の妨げとなる眠りを覚ます効果が茶にあることから衆僧にすすめたといいます。私自身、早朝学習のときにずいぶんお世話になりました。鎌倉時代の僧が同じことをしていたと知り、とても親近感を覚えたものです。

（1）菅原道真の編纂により八九二年に完成・成立した歴史書です。

（2）平安時代中期に編纂された格式（律令の施行細則）で、九二七年に完成しています。

黄檗山萬福寺は1661年に中国僧・隠元隆《いんげんりゅう》琦《き》禅師によって開創されました。建物は中国風であり、異国情緒を強く感じます。総門は中央の屋根が高く、左右の屋根が低い牌楼《ぱいろう》式です。総門の前に「駒蹄影園址」の碑があります。栂尾から宇治にやって来たチャが、萬福寺の門外に広がっていたのです（2018年３月撮影）

明恵は、栂尾のチャの木をより適地と考えられる宇治に移植させました。チャの木を与えられた里人は、どれくらいの間隔でその木を植えていいのか分かりませんでした。明恵は馬で畑に入り、馬の蹄の跡に植えるようにと指示したそうです。この茶園を「駒蹄影園《こまのあしかげえん》」といい、黄檗宗大本山萬福寺の総門前にその名残を示す碑が立っています（前ページの写真参照）。

栂尾の茶は「本茶」と呼ばれて珍重されました。それ以外の茶は「非茶」と呼ばれたそうです。しかし、栂尾の茶園の荒廃により、室町時代初期以降は宇治の茶が「本茶」と呼ばれるようになりました。その後、「わび茶」は室町時代中期の茶人である村田珠光（一四二三～一五〇二）により創始され、戦国時代から安土桃山時代の千利休（一五二二～一五九一）によって完成します。「わび茶」とは、高価な中国製の道具を使うような豪華な茶の湯ではなく、簡素簡略の境地である「わびの精神」を重んじた茶の湯のことをいいます。

江戸中期、山城国宇治田原郷湯屋谷村（現・京都府綴喜郡宇治田原町湯屋谷）に住む永谷宗円（一六八一～一七七八）が、茶葉を乾燥させる前に揉む工程を入れた「青製煎茶製法」を開発し、水色は澄んだ黄緑色、豊かな香り、適度の渋みと甘みが調和した煎茶を完成させました。一五年にわたる努力の成果であり、完成したときは五八歳だったといわれています。

茶の歴史をたどってみると、湯飲みの中に大きな世界が隠れていることが分かります。澄みわたる秋空の日、ゆっくりとお茶を楽しみたいものです。

サザンカ

サザンカが咲くのは秋、それとも冬でしょうか。季節がはっきりと峻別できず、何となく「行きつ戻りつ」しますから、この問いには明確な答えはないのでしょう。

小学校四年生のときに引っ越した家には前栽の端に細長い石組があり、そのなかにサザンカが一〇本くらい植えられていました。ピンクのきれいな花を咲かせるのですが、暖かい季節にはたくさんの毛虫がついて、ほとんどの葉が食べ尽くされてしまいました。今、思えば、ツバキ科（チャノキ、ツバキ、サザンカなど）の植物を好むチャドクガの幼虫だったと思います。

チャドクガの毛虫一匹には、とても細かい毒針毛が数百万本もあり、長袖を着ていても繊維の隙間から入り込んで皮膚に到達し、かぶれやかゆみを生じさせます。いわゆる「毒蛾」の一種です。こまめに殺虫剤で駆除すればよかったのでしょうが、なかなかそこまで手入れが行き届かず、

（学 名：*Camellia sasanqua*） 紅葉狩りに訪れた公園に薄桃色のサザンカが咲いていて、やはりこの花は落ち葉のころに咲くのだと納得しました。野生のサザンカの花弁は細長くて白いのですが、この品種では花弁が丸く、花色が薄桃色に変化しています。

サザンカには毎年のようにたくさんの毛虫がついていました。

今住んでいる所には街路樹としてサザンカが植栽されており、この原稿を書いている一二月にちょうど花が咲きました。このサザンカで、チャドクガの毛虫を見た記憶がありません。何故なのでしょう。道路管理の一環として、殺虫剤の散布が行われているからでしょうか。

サザンカという言葉を聞くと、童謡『たきび』の歌詞を思い浮かべます。岩手県出身の児童文学者、巽聖歌《たつみせいか》（一九〇五～一九七三）が一九四一（昭和一六）年に作詞しました。当時、聖歌は東京都中野区上高田に住んでおり、散歩のときに通る「ケヤキ屋敷」の広大な屋敷林を見て作詞したといいます。その場所には、

中野区上高田３丁目にある『たきび』の歌発祥の地。一般の方の住居ですが、中野区による説明版がここの傍にあります。歌詞冒頭の垣根の風情を現在も味わうことができます（2018年２月撮影）

『たきび』の歌発祥の地を示す立て札があります。ケヤキ、ムクノキなど武蔵野を代表する樹木からなるりっぱな林が今も残っています。

『たきび』の歌詞に曲が付けられてNHKラジオで発表されたのが、太平洋戦争が勃発した翌日、一九四一年一二月九日でした。この歌詞により、サザンカは落ち葉や北風と結び付きました。落ち葉は、春の芽生え、夏の繁茂、秋の紅葉の終着駅であり、サザンカの花は、その後のロウバイ、ウメ、ツバキ、サクラへと続く花の季節の始発駅となります。

サザンカは日本固有の種であり、長崎県の壱岐島から西表島に至る九州、山口県（萩市）、四国南部の常緑広葉樹林内

真っ白な八重咲きのサザンカ。最初に咲き出した花が満開になったころで、濃い常緑の葉と白い花弁のコントラストがすばらしく、清らかな美しさでした（2012年11月、吹田市の日本万博記念公園にて撮影）

に分布しています。ツバキと同じく、ツバキ科ツバキ属に分類されています。ツバキとサザンカの野生種を比較すると、以下のようにいくつかの点で明らかな違いがあります。

・ツバキには子房や枝に毛がありませんが、サザンカには毛が生えています。

・ツバキでは、花糸《かし》（おしべの糸状の部分）が中ほどまでくっついていますが、サザンカは基部についているだけです。

・花の時期は、サザンカは一〇月から一二月であり、ツバキは二月から四月です。

・花弁の色は、サザンカは白色、ツバキは赤紫色です。

近畿地方の山野を中心に山歩きをしている私は、野生のサザンカをまだ見たことがありません。ツバキの野生をよく見かけるのとは好対照です。また、ツバキが『万葉集』に出てくるのに対し、サザンカは詠まれていません。サザンカが初めて記録に現れるのは江戸時代前期で、植物の図版と説明が記載された『立華正道集』（一六八四年）とされています。ツバキとサザンカの記録時期の違いは、それぞれの種の分布域が書物の編纂された土地に近いかどうかに関係があるのではないかともいわれています。

注意してみると、私たちの身の周りには、サザンカやツバキがたくさん栽培されていることが分かります。それぞれの花を見てみると、サザンカなのかツバキなのかがよく分からないようなものもあります。ツバキ属の植物は種間雑種を容易につくりますので、サザンカとツバキの中間の性質をもつものが育種され、分類が困難になっているのです。

サザンカの園芸品種には、野生のサザンカの性質を強くもつ品種群、サザンカとツバキの種間交雑園芸品種群であるカンツバキ群やハルサザンカ群があります。カンツバキはツバキのような花が寒い季節に、ハルサザンカはサザンカのような花が春に咲きます。

ツバキ属における種の分化の中心は中国で、約二三〇種が記録されています。そのなかでも、もっとも多くの種が自生しているのは中国西南部の常緑広葉樹林です。これらの種のなかには、大きくてきれいな花を咲かせるものがあり、育種の親としても活用されています。

年末から年始にかけて出掛けることが多くなります。街中や神社の植え込みのなかに白や紅色のサザンカを見つけたら、西南日本にルーツをもつその木の歴史に思いを馳せていただければと思います。

ネリネ

キラキラと輝く花――この表現が一番似合う花、それがネリネです。花弁を注視すると、キラキラと輝く小さな点がたくさん目に飛び込んできます。別名「ダイヤモンドリリー」といいます。

一〇年以上前のことですが、東京に定期的に出張していたときがあり、仕事が終わると、神保町の古書店街と「タキイ種苗《しゅびょう》」の販売所（神田神保町一丁目にあった。七〇ページ参照）に寄ることにしていました。植物関係の古書をブラブラと見て、その後で何か珍しい植物の種や苗を探すというとても楽しい時間でした。この種苗店が閉店となって一二年くらいが経ちました。インターネットで調べると、この店を懐かしむ声がいくつも見つかります。

ネリネの球根を見つけたのもこの店でした。「ネリネ」という植物の存在は以前から知っていましたが、栽培したことはありませんでした。購入した一つの球根は、素焼きの六号鉢に大切に

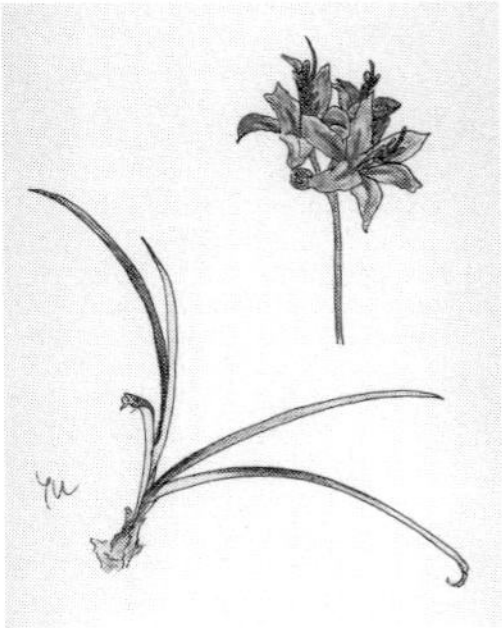

（学名：*Nerine* sp.）ネリネは、ヒガンバナとよく似た植物です。球根から細長い葉を出し、花茎の先にいくつかの花を群生します。ヒガンバナは花期に葉が地上にありませんが、ネリネは花期に葉が出ています。花弁がキラキラ輝くので、ヒガンバナよりも豪華な感じがします。

植えました。数年間はあまり元気がなく、花をつけなかったと記憶しています。でも、そのあとは元気に成長するようになり、毎年花をつけるようになりました。

調子のでない植物が、あるときを境にして元気になるということは、植物を栽培している人であれば時々経験することです。何年間かその植物を観察することで、栽培技術が向上したのか、それとも植物のほうが栽培環境に慣れてきたのか、あるいはその両方かもしれないということが分かります。球根が増えたので花友達にプレゼントしたことがあります。友達の家でも何年かは咲きましたが、次第に調子が悪くなってしまったようです。

ちょうど紅葉の季節に咲き乱れるネリネ「バーミリオン」、この写真にはヒガンバナ属の葉も写っています（2016年11月、自宅にて撮影）

このネリネ、購入した球根に品種名が書いてありませんでした。友達と相談をして、その花色から「バーミリオン」という品種名を付けました。当然、自分たちだけのプライベートな名前で正式なものではありません。

バーミリオンとは「朱色」のことで、本来は硫化水銀でできた顔料です。ネリネの花色がこの色ととてもよく似ているので、このように命名したわけです。この原稿を書いている一一月下旬、ちょうどバーミリオンが咲いています。この年は一一本の花茎が出ていて、なかなか豪華な眺めでした。

ネリネはネリネ属の植物の総称で、ネリネ属には南アフリカに約三〇種が分布しています。球根植物で、秋から冬にかけて花茎の頂部に多数の花を散形《さんけい》花序《かじょ》につけます。ネリネ属はヒガンバナ属（*Lycoris*）とよく似ており、類縁関係があります。一般的ではありませんが、ネリネの和名は「ヒメヒガンバナ（姫彼岸花）」といい、とてもかわいらしい名前となっています。

ネリネは、日本ではまだ十分に知られていませんが、海外では育種が盛んに行われており、広く栽培されています。二〇〇六年一二月、スウェーデンのストックホルムに滞在する機会がありました。ノーベル賞の授賞式は、アルフレッド・ノーベル（Alfred Bernhard Nobel, 1833～1896）の命日である一二月一〇日に行われます。平和賞を除く五部門の授賞式が、この日にストックホルムのコンサートホールで開催されるのです。

その日は日曜日でした。まず、午前中にコンサートホールに行ったのですが、スウェーデン語でノーベル賞を意味する「Nobelpriset《ノーベルプリーセット》」と書かれた黒いリムジンが広場に何台も駐車していました。たぶん、ノーベル賞受賞者が乗る車なのでしょう。

　コンサートホールの横にはテレビの中継車両があり、夜に開催される授賞式の模様を世界中に配信する準備を進めていました。コンサートホールの電光掲示板には、「ノーベル賞コンサート　一九時三〇分から」と表示され、シュトラウス（Richard Georg Strauss, 1864～1949）やバーンスタイン（Leonard Bernstein, 1918～1990）の名前が見られました。どうやらその夜、彼らの作品が演奏されるようです。

ノーベル授賞式の晩餐会では、テーブルが明るい色調の花々で装飾されます。現地のテレビ放送で見ると、ネリネがその中にありました（写真提供：森元誠二）

その後、列車で郊外のウプサラの街に行き、夕方になってからストックホルムに戻りました。冬至も近いので日の入りが早く、薄暗いコンサートホールの広場には例のリムジンのほか、たくさんの見物人がいました。テレビでライブ中継されることを知っていたので、急いでホテルに戻り、授賞式を生放送で見ることにしました。

授賞式の後、ストックホルム市庁舎で晩餐会が開かれるのですが、その様子も中継されました。一三〇〇名ものゲストが参加する盛大なものです。テーブルの上に飾られたたくさんの花々に目を奪われました。何と、そのなかにネリネの花を見つけたのです（前ページの写真参照）。このネリネがどこの国で栽培されたかは分かりませんが、この花が秋から初冬にかけて咲くという性質が、一二月一〇日に開催される晩餐会に飾られる一つの要因であることは間違いないでしょう。キラキラ輝く花がノーベル賞にふさわしいことは、いうまでもありません。

エンドウ

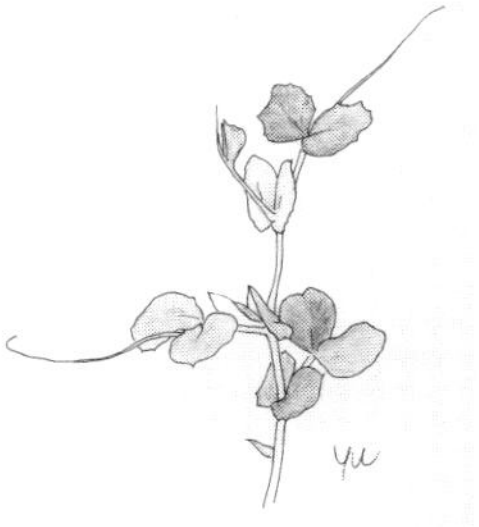

（学名：*Pisum sativum*）秋も深まり、寒くなってきた11月に種を播きます。寒さを苦にしない作物です。ひと月くらいすると、この画のように小葉の先端が巻きひげとなった葉を見ることができます。冬の間は、このような姿でじっと待ち続け、春になると一気に成長します。

畑では、四季を通じていろいろな野菜が栽培されます。畦道を歩いて、それらを眺めるのも楽しいものです。それぞれの野菜はその種に固有の花を咲かせ、最近では、野菜の花にも注目が集まっているようです。

エンドウの花は、そのなかでも際立って美しいものだと思います。四月のエンドウ畑には、赤紫色や白色の蝶のような形の花が咲き乱れます。エンドウは高さ二メートルくらいまで蔓が伸び上がりますので、花の咲いたエンドウは美しい垣根のようになります。

小学生くらいのとき、父は家の近くに畑を一畝借りて野菜をつくっていました。春にはエンドウが実り、父がそれをカミソリの刃で収穫していたことを覚えています。ハサミではなく、何故カミソリを使っていたのかはよく分かりませんが、とても印象に残っています。

エンドウは晩秋に種を播きます。すぐに芽を出しますが、冬の寒さのなか、小さな株で越冬します。春になって気温が上昇すると一気に蔓を伸ばし、花を咲かせ、果実を成長させます。春の成長はとても速いので、エンドウの収穫できる期間は案外短いです。

エンドウは、地中海沿岸地方を原産地とする一年生あるいは越年生の草本です。属名の「*Pisum*《ピスム》」はエンドウを意味するラテン語の古い植物名で、英語で豆を意味する「pea」と同じ語源であると考えられています。そして、種名の「*sativum*《サティブム》」は「栽培する」という意味です。エンドウは世界最古の栽培植物の一つであると考えられていますが、学名を見てもそれを感じることができます。

エンドウの利用はなかなか多様です。発芽して間もない若い茎と葉は「豆苗《とうみょう》」と呼ばれます。莢《さや》の繊維の発達が悪く、若い莢を食べるのが「サヤエンドウ」、完熟する前の豆を食用とするのが「実エンドウ」です。もちろん、完熟した豆も広く食用として利用されています。

豆苗は、中華料理の素材として近年よく知られるようになりました。サラダや炒め物として食べられています。キヌサヤエンドウは年中流通していますが、やはり旬のものを煮物やちらし寿司の具に使うと季節感を感じます。実エンドウを入れて薄い塩味で炊き上げた豆ご飯は、晩春あるいは初夏を感じさせる大切な食べ物となっています。実エンドウの品種にウスイエンドウというのがありますが、明治時代にアメリカから大阪府羽曳野市碓井《うすい》に導入されたことに由来しています。

子どものころに缶詰の「みつ豆」をよく食べました。サイコロ状の色とりどりの寒天、ミカンやモモなどの果物、それにちょっと堅い赤い豆が入っていました。この赤い豆が完熟したエンドウ豆です。完熟させるエンドウ豆は、日本では北海道でたくさん栽培されています。最近、和菓子の一つとして有名になった「豆大福」の餅の部分に入っている豆も、赤エンドウ豆が多く使われています。

みつ豆や豆大福に見られるように、完熟したエンドウ豆は煮くずれしにくい性質をもっているようで、その性質がうまく使われています。また、完熟豆はたんぱく質、糖質を豊富に含んでいることもあって、欧米では一九世紀末くらいまで主食にもしていたそうです。

オーストリアの司祭であるグレゴール・ヨハン・メンデル（Gregor Johann Mendel, 1822～1884）が、エンドウを使って遺伝に関する法則を発見したことはご存じでしょう。メンデルは、エンドウの交配実験を一八五三年から一八六八年にかけて実施しました。豆の形状や草丈の違いなど、いくつかの表現型に着目して数学的な解析を行い、遺伝の法則を発見したのです。

当時、「遺伝」という現象は知られていましたが、遺伝形質は液体のように混じりあうと考えられていました（混合遺伝）。しかし、メンデルは、遺伝形質は粒子により受け継がれることを提唱したのです（粒子遺伝）。この粒子が、のちに「遺伝子」と呼ばれるようになったわけです。

エンドウは、そのころすでに遺伝研究に用いられていたようですが、メンデルは入手した各種のエンドウの品種を、まず試験栽培し、形質が安定しているものを選び出して交配実験に用いました。広く栽培され、いろいろな品種があったこと、花が大きく人工交配がしやすかったこと、そして基本的に自家受粉を行うことが遺伝の法則の発見に寄与していると思われます。

メンデルの遺伝の法則は、一八六五年に口頭で、その翌年に「ブリュン自然科学会誌」に発表されましたが、当時、その重要性はあまり理解されませんでした。一九〇〇年に三人の学者によって再発見され、その重要性が広く認識されることになります。遺伝は、生物のもつ基本的な機能であり、それを発見したモデル生物がエンドウであったことはとても興味深い話です。

自宅で育てているエンドウの苗がちょうどよい大きさになりました。これから家庭菜園に出掛けて植え付けることにします。

エンドウにはたくさんの品種がありますが、これは仏国大莢《ふつこくおおさや》という品種です。左は開花の様子、右は若い莢が実った様子です。３週間くらいでどんどん成長します（2014年４月［左写真］と5月［右写真］に京都市伏見区の家庭菜園にて撮影）

ナンテン

雨戸を入れる戸袋の横にナンテンが植えてあって、何本もの細い幹が人の背丈よりもずっと上のほうに伸びています。ナンテンは、幹が細いから風によく揺れます。ふるさとに戻ると、五〇年前とほぼ同じような光景を目にすることができます。違うのは、雨戸を使うことがなくなったことと、そこに住む両親と私自身が年をとったということだけです。

実家のナンテンの株は、六月ごろに花は咲かせるのですが、あまり実がなりませんでした。「潮風がよくない」とか「雨が当たるとよくない」とか言っていましたが、その後、徐々に実るようになりました。ゆっくりと木の調子がよくなっていったのでしょう。

実は丸く、真っ赤に色づきます。たわわに実ると、稲穂と同じように重みで頭を垂れます。北風が吹くころ、艶々と輝くナンテンの実は、住宅地を歩くとよく目にする日常の風景となります。

（学名：*Nandina domestica*）
ナンテンの葉は、小さな葉（小葉）に分割するように進化しました。小葉は秋が深まると紅葉し、赤く輝く実とのコントラストがとてもきれいです。画のナンテンは、実の半分をすでに小鳥に食べられてしまったのでしょうか。春には、どこかよその庭で芽生えるかもしれません。

ナンテンの葉は、多くの人がすぐに分かるという特徴のある形をしています。ツバキやサクラの葉はほぼ楕円形の一枚の平面ですが、ナンテンの葉は小さな葉（小葉）がたくさん集まっています。小葉が左右にいくつか並ぶものを鳥の羽根に見立てて「羽状複葉《うじょうふくよう》」といいます。画の葉をよく見てください。羽状複葉化が二回繰り返されていることが分かるでしょうか。このような葉を「二回羽状複葉」と呼びます。もっと大きなナンテンの葉だと、「三〜四回羽状複葉」となります。

ナンテンは株立ちになって生えます。根元付近から出てくる芽生えを大きくして、古い幹は適当に剪定をする場合が多いです。このようにすると、生えている幹は入れ替わっているのですが、株全体の見かけはほとんど変化がないということになります。庭に植えたサクラの木が年とともに大きくなってゆくのとは対照的です。

ナンテンは、その音が「難転」と同じであり、難を転ずるとして縁起のよいものとされています。このような木を「縁起木」と呼びますが、これが広く植栽される一因となっています。中国中部に自生しているナンテンですが、日本では西日本に野生状態のものが知られています。それが、本来の自生か、人が栽培していたものが分布を広げたのかについては明らかにはなっていません。

かつての里山の多くは、人の関与が希薄となって里山放置林となっていますが、その森に入るとナンテンの実生を見ることがあります。赤い実は鳥が好んで食べるので、鳥の排泄物によって分布を広げているのです。タンポポの種には綿毛のような冠毛《かんもう》がついていて、自らが風に乗って飛びますが、ナンテンは目立つ赤色の実をつけて鳥に食べてもらいやすいようにして、鳥のお腹の中に入って空を飛ぶのです。ちょうど、私たちが海外旅行に行くために飛行機に乗り込むのと同じです。乗客はナンテンの実、飛行機はヒヨドリなどの鳥ということです。

ナンテンは、何種かの「アルカロイド」と呼ばれる化学物質を含んでいます。咳止めなどの薬効があるとされ、実が利用されていることはご存じでしょう。また、赤飯の上にナンテンの葉を置くことがあります。見た目の美しさだけでなく、葉のもつ殺菌効果が食品の防腐に役立つといいます。

母がつくるおせち料理には、ナンテンの葉がちょっと添えてあったりします。庭に生えているのを少し摘んで重箱の中に入れる。とくに理由などはなく、慣習的にそうしているのだろうと思います。小さな日本文化の一つです。

ナンテンは、江戸時代の末期に葉変わりの品種が登場し、「琴糸南天《きんしなんてん》」と呼ばれ、人々に栽培されて人気を博していたようです。『草木錦葉集』（一八二九年）という本には、二五種の品種が記録されているそうです。ちなみに、琴糸南天は、木の大きさがずいぶん小さくなり、葉が繊細に変化したナンテンの一群です。やさしく、たおやかな女性の指のような印象を受けます。

この原稿を最初に書いたのは二〇一一年ですが、その前年は猛暑の年でした。六月から八月の夏全体の全国平均気温は、平年比プラス一・六四度で、平均気温における観測史上最高を記録したそうです。この異常な猛暑の年、読者のみなさんにもいろんなことがあったと思います。「生老病死《しょうろうびょうし》」という言葉が仏教にあるそうで、人が生きてゆくうえで避けることのできない苦悩を示しています。たとえば、足腰が悪く、痛くて歩きにくいというようなことが大きな苦しみとなります。このような苦しみが、ナンテンの名のように「難を転じて」、少しでも軽減されるといいですね。

不思議な姿をした琴糸南天。小葉はとても小さく退化し、葉柄が長く成長するのがこの品種（玉鶴琴糸）の特徴です。「侘び寂び」の美意識から選抜されてきたものでしょうか（2010年12月、自宅にて撮影）

フユイチゴ

冬の森には宝石がちりばめられている――フユイチゴという植物のことです。「フユイチゴ」と聞くと、冬に食べるイチゴのような一般名詞に思えますが、れっきとした一つの種を示す名前です。寒さのなか、生き物たちが緩やかに過ごしている冬の森、山道の側に赤く輝くフユイチゴの果実を見つけることができます。すごく透明度の高い、キラキラと輝く真っ赤な果実が点々としていますから、まるでルビーのように見えます。甘酸っぱい水分をたくさん閉じ込めた果実は、はち切れんばかりの瑞々しさです。

フユイチゴは、本州、四国、九州、朝鮮半島南部、中国、台湾に分布するバラ科キイチゴ属の常緑低木で、いわゆる木苺《きいちご》の仲間です。七月から一一月に花を咲かせ、冬に赤い実を実らせます。〈週刊朝日百科世界　植物57〉（一九七六年）には、「鹿児島県の甑島《こしきしま》では、くだもののない冬に

（学名：*Rubus buergeri*）冬の森で見つけたフユイチゴ。葉は厚みがあり周囲には細かな鋸歯《きょし》があります。茎、葉柄にはトゲや毛が生えています。５枚のガクに囲まれた透明な赤い集合果はツルツルしていて周りとは好対照です。

実がなるためか、オヤコウコウイチゴとよんでいる」との記載があり、フユイチゴがとてもユニークな別名をもつことが紹介されています。

木苺《きいちご》の仲間は水分をたくさん含んだ小果実であり、日常会話において「ベリー」と呼ばれることがあります。ブルーベリー、ストロベリーなどがお馴染みです。ベリーというのは果実の特徴から形成された概念であり、植物分類とは一致しません。たとえば、ブルーベリーはツツジ科であり、ストロベリーやフユイチゴはバラ科に属しています。

木苺の仲間の果実の特徴は、たくさんの子房が熟して集まり、「集合果」と呼ばれる形になることです。奈良東大寺の大仏様の頭のような感じ、と表現すればよいでしょうか。日本では、今でも木苺はフルーツとしての馴染みがあまりありません。一方、欧米では、ラズベリー（ミヤマウラジロイチゴ亜属）やブラックベリー（オオナワシロイチゴ亜属）がフルーツとして広く栽培され、たくさん消費されています。

ラズベリーとブラックベリーは、実を引っ張ったときに花《か》

棚田のそばの小道を歩いていたら、側《そば》の繁みはフユイチゴの群落でした（左写真）。実は簡単に摘み取ることができます。手のひらの上でキラキラと輝いています。撮影の後、甘酸っぱい冬の恵みをおいしくいただきました（右写真）（2016年１月に滋賀県大津市仰木にて撮影）

床《しょう》から簡単に取れるかどうかで区別できます。花床とは、花びら、雄しべ、雌しべなどがついている部分を示します。ラズベリーでは簡単にはずれ、ブラックベリーではそうはいきません。

一九八三年に初めてアメリカに行きました。ニューヨークで昼食にステーキを食べたとき、デザートに出てきたのがラズベリーでした。実は、デザートを選ぶときに馴染みのないものをあえて選んでみたのです。このとき、小皿に盛られたラズベリーのきれいな赤色は今でも鮮明に覚えています。レストランで食べ残したものを簡単な容器に詰めて持ち帰ることを「doggy bag《ドギーバッグ》」といいますが、この言葉を初めて聞いたのもこの昼食のときでした。

ちなみにラズベリーは、花床から容易にはずれるという性質を利用して、機械による収穫が行われているようです。木苺を機械で収穫するというのは、日本ではちょっと考えられない光景です。

木苺との最初の出会いは、小学校に入るかどうかくらいのころだったと思います。その当時に住んでいた家の側《そば》に水田があり、水田の向こうに竜山石《たつやまいし》の石垣で囲われた埋立地がありました。その石垣の上にたくさんのナワシロイチゴが生えていて、春から初夏にかけて、紅紫色の花や赤く実る果実に気付きました。当然、果実は口の中に放り込んでいました。ナワシロイチゴ（*Rubus parvifolius*）は、山野の日当たりのよい所に生える落葉性の低木で、稲の苗床である苗代《なわしろ》のころに果実が熟すためにこのように名付けられています。日本全土、朝鮮半島、中国、ベトナムに分布しています。

ナワシロイチゴの葉の葉脈は、表面は凹み、裏面が凸出していて、シワが入っているように見えます。この特徴は、野外では目立ち、花や葉がなくてもナワシロイチゴらしさが伝わってきます。人里でよく見かける植物ですので、その姿を見ることは珍しいことではありませんが、その出会いが、本来の分布域から遠く離れた地だとまったく違ったものになります。

二〇一三年の六月下旬にフィンランドを旅し、首都ヘルシンキの街中にあるカイサニエミ植物園を訪問しました。ヘルシンキ大学の付属植物園なのですが、白く美しい温室の周りに北欧らしい植栽が広々と並ぶ、すてきな植物園です。

ここでナワシロイチゴに出会ったのです。

カイサニエミ植物園は、ヘルシンキ市内にあります。それほど大きな植物園ではありませんが、温室を中心に落ち着いた庭園が広がります（2013年6月撮影）

花弁がほぼ枯れて果実が膨らみかけているという状態でした。名札には学名がありましたが、もちろん和名は記載されていません。シワのある葉や花の様子から、ナワシロイチゴあるいはその仲間であることはすぐに分かりました。分布に関しては、直訳すると「極東の日本」というように、フィンランド語とスウェーデン語で書かれていました。このナワシロイチゴは、どのようにして日本からフィンランドにやって来たのでしょうか。

冬、全国各地で雪が降っています。写真にある小道のフユイチゴにも雪が積もっていることでしょうか。

歩道の側にナワシロイチゴが植栽されていました。アジアからはるばる北欧にやって来て、元気に暮らしていました（2013年6月撮影）

ソヨゴ

ある植物との出会いがいつであったのか、記憶をたどっても曖昧なことが多いものです。しかし、ソヨゴのことに関しては、初めて知ったのがいつだったか、はっきりとした記憶があります。高校一年生のときです。

「風が吹くと葉がそよぐことから、この木をソヨゴというのです」と教えてくれたのは生物部の顧問をしていた杉田隆三先生（一九〇ページ参照）で、瀬戸内海沿岸に多い、岩盤が露出した表土のすくない岩山を登っていたときです。このときが、ソヨゴとの初めての出会いとなりました。斜面に一番優占《ゆうせん》していた樹木がソヨゴで、高さ三メートルくらいのものが点々と生えていました。常緑の厚みのある葉で、葉の縁が緩やかに波打っている姿が印象的でした。また、「そよぐ」という美しい日本語に魅せられた瞬間でもありました。

（学名：*Ilex pedunculosa*）長い柄の先に赤い実がなっています。ソヨゴの雌木の冬の姿は美しいものです。この実を鳥がついばみ、種子が散布され、芽生えることにより、ソヨゴは世代交代していきます。

いったんソヨゴのことが頭にインプットされると、山歩きの途中に多くのソヨゴが認識できるようになりました。物事を知らないと、目の前にあっても認識できないということは日常生活においてよく経験することです。

ソヨゴは、里山に関連の深い木です。前述したように、里山については、人とのかかわりが減ってきたこと、生物多様性において重要であることなどがよく論じられています。二〇〇四年ごろですが、私は「里山の管理」について研究をしていました。その研究活動の一つとして、放置された里山を管理しているいくつかのボランティア団体の活動に参加させてもらいました。

昭和三〇年代くらいまで、里山はクヌギやコナラのような落葉樹が中心の低木林で、木が大きくなると切り出し、材を薪や木炭として利用していました。残った切り株からは芽が出て成長し、再び森になっていきます。そして、一〇年くらいすると木は適度な大きさに育ち、再び伐採されます。このようなサイクルを継続的に繰り返していたのです。

薪や木炭が、燃料の主役の座から降りて長い年月が経ちました。放置された里山の木々はどんどん大きく成長し、林床《りんしょう》にはシイなどの常緑広葉樹やササが繁茂し、優占するようになっています。この状態を「放置里山林」と呼びます。ソヨゴもそのような常緑広葉樹の一つで、放置里山林でかなり大きくなった姿をよく見かけます。里山放置林においては、太陽の光が林床に届きにくく、四季を通じて暗い森となります。生育する動植物の種類も減ってきて、生物多様性の低い場所になってしまうのです。

「里山管理」といって、繁茂した常緑広葉樹やササを伐採するということが全国各地で行われています。体験入門した里山管理において、私も直径一〇センチくらいのソヨゴの木をノコギリで切り倒したことがあります。ソヨゴは、関東地方以西の本州、四国、九州および中国中南部に分布する常緑高木で、高さは一〇メートルくらいになります。種小名の「*pedunculosa*」は「花柄のある」という意味で、実に長い柄があるというソヨゴの特徴を示しています。葉は革質で光沢があります。表面は深緑色、裏面はやや薄い緑色で、周辺部は波打っています。これらの特徴を覚えておくと、四季を通じてソヨゴを識別することができます。

私はまだ経験がないのですが、ソヨゴの葉を炎で加熱すると、気化した水分で葉がふくれて破裂するそうです。この特徴から「フクラシバ」という別名が付けられています。今度、山でソヨゴを見つけたら、ぜひ試してみたいと思っています。

ソヨゴと同じ属にマテ（*Ilex paraguariensis*）があります。ブラジルのパラナ高地、パラグアイ、アルゼンチン北部に自生する常緑広葉樹です。南アメリカでは、葉を天日あるいは火熱で乾燥し、マテ茶として広く飲用されてきました。葉には八パーセントのタンニンと二パーセントのカフェインが含まれています。最近は日本でも知名度がアップしてきており、独特の風味が受け入れられれば、お茶やコーヒーのように一般的な飲料になる可能性があります。

ソヨゴは、地表近くに根を浅く張るため、強風で倒れやすいことが知られています。二〇一四年の冬、雪の降ったあとに北摂《ほくせつ》（大阪府の北部）で山歩きをしたとき、高さが一〇メートルくらいで、幹の細いひょろりとしたソヨゴが倒れていました。この木は、雪が常緑の葉に積もり、その重みで幹がしなって倒れたようです。

ソヨゴは雌雄異株であり、雌の木と雄の木があります。昆虫が受粉を手助けしますので、実をならせるには、雌の木と雄の木を近くに植栽します。また最近は、住宅の庭にその地域に自生している樹種を、鳥や昆虫のために植えるということが行われています。ソヨゴはそれらの一つとして活用されているようです。樹形がよく、鳥の好む赤い実をつけるということが評価されている要因でしょう。

里山管理では邪魔者扱いをされ、住宅地の庭では重宝される。人の都合により、ソヨゴは山から里に本拠地を移しつつあるようです。

新緑の緑が濃くなり、むし暑さを少し感じる森の中、ソヨゴの雄木の下に雄花が落ちていました。親指と比べると花のサイズが分かると思います。小さい花ですが、花弁が白いのでよく目立ちます（2014年６月、京都市左京区にて撮影）

カラタチ

二〇一六年の秋、京都東本願寺の飛地境内地の渉成園《しょうせいえん》（下京区正面通）のカラタチの生垣に、黄色いピンポン球のような実がなっていました。ちょっと触ってみようと手を伸ばすと、実の側にあったトゲに見事に刺されてしまいました。いろいろな植物にトゲはありますが、カラタチのトゲが一番痛いのではないか、そんなことを思ってしまうくらいの痛さでした。

カラタチの果実に毛が生えていることに気付いたのはそのときです。果実の表面を注意深く観察すると、微細な毛が密生していることがよく分かります。ですから、直射日光が当たっても実はその光をそのまま反射することはなく、まるでベルベットのような感じがします。同じミカン科のキンカンの実が直射日光によってキラキラと輝いているのとは対照的です。

ふるさとの秋祭り、にぎやかな天満宮への道中にカラタチの生垣があることは小学生のころか

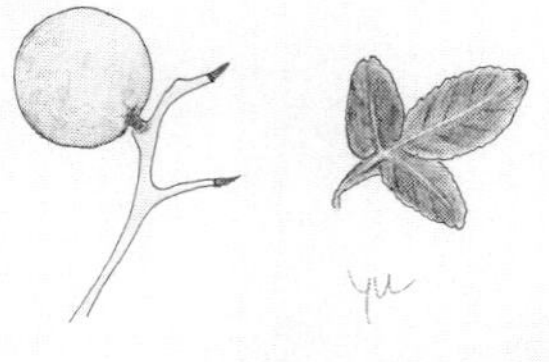

（学名：*Poncirus trifoliata*）カラタチの一枝に、本当に丸い果実が実っています。葉はいわゆる三つ葉で、食用とするミカンとは大きく異なります。鋭いトゲが、この植物の大きな特徴となっています。

ら知っていました。春に、ナスビやキュウリの苗を買いに行った苗屋さんの近くです。

この道は、中学校への通学路になりました。いろんなことを考えながら一人で、あるいは友達と一緒に歩いた道です。このカラタチの生垣を一〇年近く見ていたことになりますが、時間の経過とともにだんだんと枝が枯れ、垣の中にいくつかの空洞が目立つようになりました。手入れされることがなく、放置されていたからでしょう。

カラタチは、中国の長江（揚子江）上流域が原産地の落葉低木です。ミカン科カラタチ属に分類されます。最初はリンネ（四七ページ参照）によってミカン属（*Citrus*）に分類されました。その後、フランスの博物学者であるラフィネスク（Constantine Samuel Rafinesque, 1783～1840）が、カラ

渉成園には印月池《いんげつち》という大きな池があります。池の向こうに漱枕居《そうちんきょ》という茶室が見えます。水上に乗り出すように建てられた入母屋柿葺屋根です。四季折々の印月池の趣を楽しむ造りになっています。スイレンが繁茂して水面が見えないくらいです（2016年９月撮影）

タチがミカン属の植物と明らかに異なるのでカラタチ属（*Poncirus*）を新たにつくってそこに分類しています。種小名の「*trifoliata*」は「三枚の葉をもった」という意味で、カラタチの際立った特徴が表現されています。

長く鋭いトゲをもつことから、カラタチは侵入者を防ぐための生垣としてよく用いられてきました。最近は寺院などで時折見かけるものの、民家では減ってきているように感じます。この生垣が少なくなってきた理由は不明ですが、まるで有刺鉄線の起源かと思うような垣は攻撃的で、危険なものだと思います。

カラタチの日本への伝来がいつかはよく分かりませんが、『万葉集』にも詠まれていますので、八世紀ごろと考えられていま

西国街道を散策していると、お寺の前にカラタチの生垣を見つけました。大きなトゲの密生した幾何学的な姿に、新たな造形美を感じます。ただし、手を伸ばしてはいけません（2016年１月、京都府向日市の石塔寺にて撮影）

す。カラタチの和名は「唐橘」で、唐《から》からやって来た柑橘という意味です。そのほか、「キコク」や「ゲズ」という呼び名もあります。キコクは中国名の「枳殻」の音読みですが、この漢字の示す植物は、本来は別種の植物とされています。一方、ゲズは「下酢」で、食用にならない酢という意味です。

前出の渉成園《しょうせいえん》は「枳殻邸《きこくてい》」とも呼ばれており、植栽されていたカラタチがその名の由来となっています。訪れたときも、その名に違わず、園の周辺と園内にカラタチの植栽があり、大切に手入れがされていました。渉成園の存在は学生のころから知っていましたが、入ったことがなく、その後四〇年を経てやっと訪問する機会に恵まれました（「冬」のトビラ写真も参照）。

カラタチの実は皮がむきにくく、果皮には臭気と苦みがあるうえに果汁は酸味が強いので食べるには適していません。しかし、カラタチは、温州ミカンなどの柑橘類（ミカン属）の台木として広く活用されており、果樹として大量に栽培されている柑橘類においてはとても重要な植物となっています。

「台木」とは、接ぎ木における地面に根を張る部分を指します。カラタチの実から種子を取り出し、それを播いて発芽させて畑で育てて大きくして台木とし、柑橘類の穂木を接木するのです。それをさらに育てると柑橘類の苗木ができます。柑橘類の苗木は、地上部は果実をとる柑橘（たとえば、温州ミカン）、地下の部分はカラタチという、異なる二つの植物が合体したものといえます。

柑橘類とカラタチは、属は異なるものの同じミカン科の植物です。一九九〇年に、オレンジとカラタチのプロトプラスト同士を融合させて新しい品種がつくられて登録されました。プロトプラストというのは、細胞壁を有する細胞（植物など）において酵素などで細胞壁を分解した細胞のことです。細胞壁がないので、異種の植物のプロトプラストを融合して雑種細胞をつくることが可能となります。

雑種細胞に細胞壁を再生して増殖すると、カルス（分化していない植物細胞のかたまり）を形成します。さらに培養すると、雑種の植物体ができあがります。この新しい品種は「オレンジカラタチ」と命名され、略して「オレタチ」とも呼ばれています。ユーモラスな響きがあり、耳にされた人もいるのではないでしょうか。

詩歌だけでなく、その他の側面でもカラタチは私たちの生活に深くかかわっていることがお分かりいただけたでしょうか。

カトレヤ

「カトレヤ」と声に出してみると、明るくて陽気な感じがします。この植物は、中南米の森がふるさとです。この地域の人々は陽気だというイメージがありますが、植物と人々が似ているというのは、恐らく考えすぎなのでしょう。

カトレヤは「ランの女王」と呼ばれています。まさに女王たる華やかさ、堂々とした姿を称えた呼び名です。野生に生えている原種も艶やかな花を咲かせますが、交配種となって人の意思が入ると、さらに艶やかになっていくのでしょうか。

カトレヤのことを書こうと決めてすぐ、兄からカトレヤの一鉢をもらいました。まったくの偶然で、自宅の窓際に大きなカトレヤの一鉢をぶら下げました。我が家にやって来たときには堅い蕾がついていて、新しい環境で花を開くだろうかと心配していましたが、その後、順調に成長し、

(学名：*Cattleya*）濃いピンクのカトレヤは、艶やかな花の最高峰に位置づけられるのではないでしょうか。5枚の花弁のなかで一番下にある唇弁は、他の花弁よりも色が濃く著しくフリルが入り、花の魅力を増しています。

五つの淡いピンクの花が満開になったほか、二つの蕾もあります。蕾から開花したときは香りを感じませんでしたが、しばらくすると甘い香りを部屋中に振りまき、リビングルームは「芳香の部屋」になりました。

初めてカトレヤに出会ったのはいつだったでしょうか。自宅での栽培はしたことがないので、子どものころなら花屋さんで見たのかもしれません。大学時代を過ごした京都には立派な京都府立植物園があり、折に触れて訪れていました。カトレヤを見た明確な記憶があるのはこの植物園の温室ですから、約四〇年前ということになります。一九九〇年代に温室はより大きなものに建て替えられたので、カトレヤを見たのは先代の温室ということになります。

ラン室ではいろいろなランが所狭しと栽培されていて、二月下旬はランの花々が賑やかなときで

現在の京都府立植物園の温室は1992年に完成しました。延床面積は約4,700平方メートル、順路は460メートルに及び、日本を代表する温室の一つです。ランの変化に富む姿、熱帯スイレンのあでやかな花、巨大なサボテン（金シャチ)、バオバブの果実など、季節に応じて多様な植物を楽しむことができます。

した。「この濃いピンクのカトレヤは本当にきれいですね」、ひときわ艶やかなカトレヤを見ながら、こんな会話があったかもしれません。

カトレヤ属はラン科の一つの属で、数十の種を含んでいます。中南米に分布し、樹木の幹に着生します。ラン科は世界で約七〇〇属、一万五〇〇〇種あるとされている大きな科で、現在も急速に進化しているグループであると考えられています。

園芸において「カトレヤ」と呼ばれるものは、カトレヤ属だけでなく、グアリアンセ属（*Guarianthe*）、ブラッサボラ属（*Brassavora*）、レリア属（*Laelia*）、リンコレリア属（*Rhyncholaelia*）など近縁の属をいくつか含みます。またカトレヤは、「カトレア」と呼ばれることもよくあります。このように、カトレヤ属やその近縁属の原種を親として、多くのカトレヤの交配種が作出されています。増え続ける交配種の品種数を数えることは不可能でしょう。

モンテベルデは、コスタリカ（中央アメリカ）の標高1100から1500メートルに広がる熱帯雲霧林です。宿泊したホテルの部屋から延々と続く森が見えました。遠景は太平洋です（写真左）。コスタリカの国花であるカトレヤ（*Guarianthe skinneri*）も、多くのランとともに自生しています。花期ではなかったものの、霧の中、樹木の幹にもっと目を凝らせば見つけられたかもしれません（写真右）（2015年８月、コスタリカのモンテベルデ自然保護区にて撮影）

カトレヤの名は、イギリスの園芸家のカトリー（William Cattley, 1788～1835）に由来しています。一八一八年、カトリーはイギリスのプラントハンターであるスウェインソン（William John Swainson, 1789～1855）がブラジルから送ってきた採集資料の梱包に使われていた植物に興味をもち、大切に育てたところ美しい花が咲いたそうです。主役の採集資料ではなく、梱包材であったと伝えられています。カトリーにちなんでカトレヤ属が設けられ、この植物は「カトレヤ・ラビアタ（*Cattleya labiata*）」と名付けられました。牧野富太郎（一三〇ページ参照）はカトレヤの和名として「ヒノデラン」と命名しましたが、この名を耳にすることはほとんどありません。

カトレヤ・ラビアタの自生地はよく分からず、探索が続けられましたが、再発見される一八八九年まで七一年という歳月が必要でした。予想され

現在、大山崎山荘は美術館になっています。テラスからは、木津川・宇治川・桂川の三川合流地点が美しく眺められます。山荘では、濱田庄司らの「民芸運動」にかかわる作家の作品、新展示室ではクロード・モネの『睡蓮』を観ることができます。天王山の美しい森林に囲まれた別天地です（2013年11月撮影）

ていたリオデジャネイロ州ではなく、もっと赤道寄りのペルナンブーコ州で発見されたからです。

京都府大山崎町に天王山があります。羽柴秀吉が明智光秀を破った所として有名です。その西の山腹には大阪府との府境が走っています。中腹に「大山崎山荘」があります。この山荘は、大阪の実業家である加賀正太郎（一八八八～一九五四）が、大正から昭和にかけて別荘として建てたものです。

正太郎は若き日にヨーロッパを周遊し、イギリスのキュー植物園（九三ページ参照）を訪問しました。そのときに見たランに感銘を受け、のちに大山崎山荘にて洋ランの栽培をはじめることになりました。大正初期から第二次世界大戦後まで洋ランの栽培を熱心に行い、人工交配も積極的に実施しました。

戦後すぐ、一九四六年に正太郎は『蘭花譜』を完成させています。大山崎山荘で栽培した洋ランから優良種を集め、一〇四枚の植物画にまとめたものです。技法は、浮世絵、油絵、白黒写真であり、そのうち八四枚は浮世絵となっています。

人は植物から衣食住を含めて多様な恩恵を受けています。カトレヤは、人が「美」を突き詰めていく対象として機能しているようにも感じます。寒さが一番厳しい一月から二月は、多くのカトレヤが花をつける季節です。みなさんにとっての「美」を考えるために、温室に出掛けてみませんか。

キソウテンガイ

　アフリカにはまだ行ったことがありません。人類の生まれた大陸で、多様な生物が生を営んでいる所です。その南西部の砂漠にだけ生える砂漠植物の和名がキソウテンガイ（奇想天外）です。「奇想」は珍しい考え、「天外」は天の外だから、奇想天外とは天から思いもよらない考えが降ってくることをいうのだそうです。

　幼いころ、キソウテンガイという名の植物があることに驚きました。初めて見たのは、京都府立植物園の温室です（二五二ページ参照）。その温室が一九九二年に竣工した新しい温室だったのか、その前の温室だったのかは記憶が曖昧です。押し入れの中に保管している膨大な写真（スライドフィルム）を調べればおおよその時期が分かるのでしょうが、大仕事になりそうなので諦めることにしました。

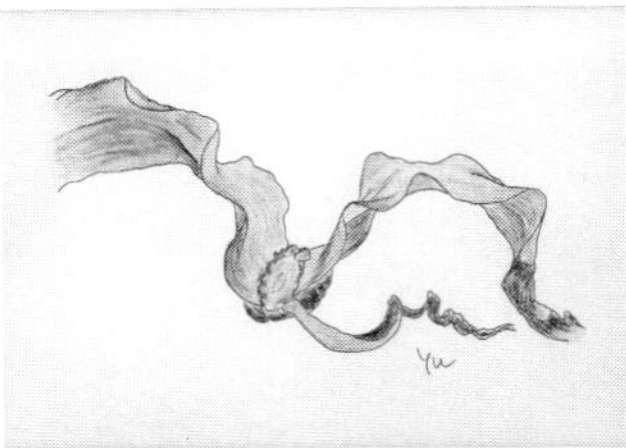

（学名：*Welwitschia mirabilis*）不思議な姿をしたキソウテンガイ。茎は短く地表面に頭を出していて、２枚の葉が著しく波打っています。花は茎の周辺につきますが、発芽から開花まで25年くらいかかるといわれています。

画をご覧ください。キソウテンガイの若い株です。中央に太短い茎があり、わずかに砂の上に出ています。茎の表面はゴツゴツしていて、中央の浅い溝で左右に分かれています。岩のようでもあり、「アワビのようだ」といった友人もおり、植物の一部とは思われない不思議な姿をしています。

その茎から左右に葉が出ています。イラストでは三枚の葉があるように見えますが、右手前の小さな葉は右側の大きな葉が割れたものですので、この株としては二枚の葉が出ていることになります。葉にはさまざまなカールがあり、クネクネとした印象があります。葉先は枯れていますが、そういう性質ですので、とくに体調の悪い個体ではないようです。

キソウテンガイは、ずいぶん個性的な植物であることが分かってきました。ここからは、「週刊朝日百科　植物の世界126」（一九九六年）などの記述を参考にしながら、この植物をもう少し詳しく見ていきたいと思います。

「キソウテンガイ」は、一九三六年に「サボテン研究」という雑誌において石田兼六という人が命名した園芸名です。学名は「ウェルウィッチア・ミラビリス（*Welwitschia mirabilis*）」です。ウェルウィッチア科は一科一属一種で、地球上でこれに似た植物はないそうです。天涯孤独な生き物といってもよいでしょう。この植物は、一八五九年、オーストリアの探検家ウェルウィッチ（Friedrich Welwitsch, 1806～1872）によってアンゴラで発見され、イギリスの植物学者であるフッカー（Sir Joseph Dalton Hooker, 1817～1911）が発見者にちなんで命名しました。種小名の

「*mirabilis*」は、ラテン語で「驚くべき」や「不思議な」という意味で、この植物を初めて見た一九世紀の人々の興奮が伝わってくるような気がします。

キソウテンガイの自生地は、アフリカ西南部にあるナミブ砂漠です。この砂漠はナミビアの大西洋側にあり、北はアンゴラとの国境付近、南は南アフリカ共和国との国境付近に及びます。長さ約一三〇〇キロ、幅は一〇〇キロ前後の南北に長く伸びた砂漠で、世界でもっとも古い砂漠であると考えられています。世界で一番古い砂漠に、天涯孤独で風変わりな植物が生えているのです。むべなるかな(いかにももっともです)。

キソウテンガイは裸子植物の仲間で、マツカサに似た果実をつくります。二枚の翼《よく》のついた種子がたくさん入っています。この種子

京都府立植物園におけるキソウテンガイの栽培状況。腰くらいの高さの円筒形の石組があり、たくさんの株が植栽されています。誰もがこの不思議な植物を間近に鑑賞することができます(2014年1月撮影)

が発芽すると、まずへら形をした双葉が出ます。その後、二枚の本葉が出て、終生その二枚のみで生きてゆきます。葉脈は平行脈で、革のような感じのするゴワゴワとした質感があります。葉の感じは、子どものころに行った床屋さんにあった革砥《かわと》にちょっと似ています。カミソリの刃の切れ味をよくするために刃先を整えるための帯状の皮です。

水分の蒸発を防ぎ、内部の保護をするために、植物の表皮組織の上層にろう状の物質があって「クチクラ層」と呼ばれます。キソウテンガイのクチクラ層はよく発達しています。乾燥地域に生える植物は、一般的に気孔の数を減らして水分の蒸発を抑えることが知られていますが、キソウテンガイは葉の両面に気孔をもち、積極的に水分を蒸発させています。活発な水分の蒸発は、葉を冷却するためではないかと考えられています。ちなみに水は、張りめぐらされた根が、砂の中の水分や定期的に大西洋からやって来る海霧を積極的に吸収することによって得られています。

キソウテンガイは雌雄異株であり、雌株と雄株の区別があります。茎は枝分かれせず、先端の部分はくぼみ、周辺にある溝から葉や花が出ます。大きな葉となると、幅が約一・八メートル、長さが約六・二メートルという記録があり、そのうち生きた部分が約三・七メートルもあったそうです。長寿命の植物で、放射性炭素による年代測定で六〇〇年の個体が確認されています。海霧のかかるナミブ砂漠から霧が晴れてゆき、いくつものキソウテンガイが眼前に現れてくるといった光景、アフリカに行けば見ることができます。

ツバキ

照葉樹林のなか、周りの木々を見上げると、直径六センチくらいの艶々した赤い実がブラリと下がっています。熟した小ぶりのリンゴのような果実で、とても奇妙な感覚を覚えました。一九七四年の夏、屋久島の山中でのことです。のちに、この赤い実がヤクシマツバキというツバキの果実だと知りました。別名が「リンゴツバキ」とのことで、すぐに納得しました。

ツバキの名は、「厚葉木《あつばき》」あるいは「艶葉木《つやばき》」が由来であるという説があります。艶のある厚い葉をしたこの木の特徴から命名されたとする考え方です。艶々した葉をもつツバキは、照葉樹林の重要な構成要素でもあります。日本の自然に分布しているツバキには、ヤブツバキ、ユキツバキ、ヤクシマツバキという三つのタイプが知られています。これらはかなり似かよったものであり、種というレベルまでの違いはないと考えられています。

(学名：*Camellia* sp.) 濃い緑の常盤葉と一重の薄紅の花が、深い味わいを醸し出す雛侘助《ひなわびすけ》。紅葉の盛りを過ぎつつある初冬の植物園で、色どりを添えていました。

ヤブツバキ（*Camellia japonica*）は本州から台湾にかけて広く分布する基準種で、京阪神において普通に自生を見ることができます。学生のころ、京都東山の山麓に下宿していましたが、高さが一〇メートルくらいある立派なヤブツバキの森の側を通学していました。日ごろは薄暗い道なのですが、落花の季節には、白い雄しべがアクセントとなった紅色の鮮やかな花々が黒いアスファルトの上に敷かれていました。

ユキツバキ（*C. japonica* subsp. *rusticana*）は北陸地方から東北地方にかけての多雪地帯に分布しますが、その名のように、雪の多い環境に対応するように変化したと考えられています。ヤブツバキからすると亜種という関係になります。木の高さは一～三メートルと小型で、重い雪に折れないよう

屋久島は降水量が多いので、山中の谷に流れる川の水量は多く、豊かな森林が発達します。林床にコケが繁茂する所も多く、近年は、コケを鑑賞するためにこの島にやって来る観光客がたくさんいます。ヤクシマツバキはこのような森の構成樹種の一つです（2016年夏撮影）

に幹や枝はしなやかです。

何年か前、新潟県立自然科学館でジオラマ（情景模型）を見たことがあります。ブナの高木層の下に、背丈の低いユキツバキが群生している姿が忠実に再現されていました。積雪の影響でしょうか、斜め上に伸び上がっている姿が印象的でした。

ヤクシマツバキ（*C. japonica* var. *macrocarpa*）は屋久島、奄美大島、沖縄県などに分布し、果実がとても大きいのが特徴です。こちらのほうは、ヤブツバキの変種として位置づけられています。果実は大きいけれど種子は大きくありません。すなわち、種子を守る皮の部分である果皮が分厚くなっているのです。

「何故、ヤクシマツバキの果皮が分厚いのか？」ということについて研究が行われており、ツバキシギゾウムシという昆虫との競争が原因

葉の先端が分裂した金魚の尾鰭のような金魚椿《きんぎょつばき》（ヤブツバキの一品種）。この名前を初めて聞いたとき、思わず微笑んでしまいました。葉の変異としては、形だけでなく斑入りのものも知られています（2007年6月、京都市左京区の京都大学構内にて撮影）

であることが分かってきました。

ツバキシギゾウムシは、動物の象の鼻のような長い口をもっていて、その口を使ってツバキの果実に穴を開けて、種子のある所まで果皮を掘り続けます。そして、お尻の産卵管を差し込んで卵を産みつけるのです。ツバキシギゾウムシは、本州、四国、九州に分布していますが、南になるほど口が長いこと、そして、果皮の厚さも南になるほど厚くなることが分かっています。

ツバキシギゾウムシの幼虫はツバキの種子を食べるので、ツバキにすれば、できるだけ産卵を阻止したほうが有利です。一方、ゾウムシは、できるだけ産卵をたくさんしたほうが有利です。つまり、二種の生物間で競争関係が生じ、ツバキは果皮をより厚くするように進化し、ゾウムシは口をより長くするように進化したのです。このように複数の種の生物が互いに依存して進化することを「共進化《きょうしんか》」と呼びます。

直径六センチもある大きな果実をつけるヤクシマツバキと、体長の二倍にもなる長い口をもつツバキシギゾウムシは、今後も共進化を継続し、より厚い果皮、より長い口に変化してゆくのでしょうか。『万葉集』からツバキを詠んだ歌を紹介しましょう。

あしひきの　八峯《やつを》の椿　つらつらに　見とも飽かめや　植ゑてける君
（大伴家持　巻二十の四四八一）

ツバキを見続けても飽きることがないように、ツバキを植えたあなたも見飽きることはありますまい、というような意味でしょう。茶花としてこよなく愛されているように、ツバキには人の心を惹きつける何か特別な力があるのではないかと思います。家持の詠んだ飽きのこない美しさです。

ヤブツバキの種子には重さの約四〇パーセントの油が含まれていて、日本の代表的な油料植物の一つとなっています。『続日本紀《しょくにほんぎ》』（七九七年）には、七七七年に渤海国にツバキ油を贈ったという記述があり、古くから利用されていたことが分かります。伊豆大島、長崎県五島列島、新潟県佐渡がツバキ油の産地として有名で、頭髪用、食用、機械油として利用されていることはご存じでしょう。

ツバキは、物質的、精神的に私たちの生活に深くかかわってきました。ツバキとゾウムシの関係のように、私たち自身も周りの人や生き物とのかかわりのなかで、ともに進化ができたらいいなと思います。

あとがき

ライフワークとして植物に接してきて五〇年の歳月が経ちました。「Nature《ネイチャー》」という単語がありますが、「自然、天然」という意味と「天性、本性」という二つの大きな意味があります。私は両方の意味で「Nature」とは縁があるようで、小さいころから自然、とりわけ植物について興味をもち続けています。とても幸せなことだと感じています。

本書では五〇種の植物について取り上げましたが、振り返ってみると、これらの植物との出会いの多くが小学生のころだったということに驚きます。半世紀も前のことになりますが、植物に関して、写真の一コマのように記憶に残っていることがたくさんあります。それらを頭の中から引っ張り出して文章にしたわけですが、とても楽しい作業でした。

人の一生を一本のヤマザクラにたとえると、「ヤマザクラの実（小さなサクランボができます）が地表に落ちて、種子が発芽し、若木となり、徐々に生育して高木になっていく。その高木もいつしか枯れて土に戻る」というようになるでしょうか。自らを一本のヤマザクラに見立てて、客観視するのも悪くないと思います。

幼い若木のころは、何事にもチャレンジする柔軟性があり、そのときの体験はずっと記憶に残り、その人のライフワークを規定する場合が多々あります。それでは、いわゆる中高齢者という高木になったときはどうでしょうか。一般的には、年を重ねると、新しいことにチャレンジするのが億劫になるといわれています。

そこで私は、iPS細胞という概念を「人の学び」の世界に導入できないだろうかと考えるようになりました。iPS細胞とは、人間の皮膚などの体細胞にごく少数の因子を導入し、培養することにより、「さまざまな組織や臓器の細胞に分化する能力」と「ほぼ無限に増殖する能力」をもつ多能性幹細胞に変化したものです。

中高齢者は、安定した体細胞にたとえることができますが、その人が何らかの刺激を受けることにより、さまざまなことにチャレンジをする、それも、一度だけでなく継続してチャレンジするといった、iPS細胞のように変化するというイメージです。

本書は、植物に関しての私の体験と、世の中に蓄積された知見をもとにして書き上げたものです。読者のみなさまが植物に対して興味をもっていただき、行動変容が起きるのではないかと期待しています。

庭の樹木や草花に顔を近づけて葉や花の構造をつぶさに観察するようになる、好きな山野草を見るためにちょっと遠くまでハイキングに出掛ける、などです。このようなことが「生きがい」となり、より「しあわせ」になるということが実現できれば望外の喜びとなります。ヤマザクラにたとえれば、より大きく枝を張り、よりたくさんの花を咲かせているという光景です。

本書を出版するにあたり、多くの方々にお世話になりました。株式会社新評論の武市一幸さんには出版の機会をいただくとともに、読者の視点からの本づくりについて多くの示唆をいただきました。新部由美子氏には、それぞれの植物のもち味を的確に表現した画を制作いただきました。月刊「お好み書き」の庄村有治氏には、二〇〇九年六月から連載の場をいただき、門田耕作氏には、毎号素敵な見出しをつけ、レイアウトしていただきました。橋本護氏からは玉造黒門越瓜について詳しい情報をいただきました。「花誌」の仲間で野山を歩いたときに素敵なリポートを「お好み書き」に書いてくださる田中敦子氏、読者の山口和宏氏からも有用なご意見をたくさんいただきました。みなさまに、この場をお借りして心から御礼を申し上げます。

最後に、私のライフワークに対する惜しみないサポートをくれた妻・裕子と娘・愛子に心から感謝します。

二〇一八年四月

松本　仁

参考図書一覧

・石川統他（二〇一〇年）『生物学辞典』東京化学同人
・伊藤左千夫（一九七〇年）『野菊の墓』（他四編）岩波文庫
・岩槻邦男他監修（一九九四〜一九九七年）週刊朝日百科「植物の世界」（全一四五冊）朝日新聞社
・北村四郎、村田源、堀勝（一九六七年）『改訂版原色日本植物図鑑（上）』保育社
・北村四郎、村田源（一九六一年）『原色日本植物図鑑（中）』保育社
・北村四郎、村田源、小山鐵夫（一九六四年）『原色日本植物図鑑（下）』保育社
・北村四郎、村田源（一九七一年）『原色日本植物図鑑（木本編Ⅰ）』保育社
・北村四郎、村田源（一九七九年）『原色日本植物図鑑（木本編Ⅱ）』保育社
・北村四郎他監修（一九七五〜一九七八年）週刊朝日百科「世界の植物」（全一二〇冊）朝日新聞社
・月刊さつき研究社（一九八八年）「趣味の山野草」十二月号
・柴田桂太（一九五七年）『資源植物事典（増補改訂版）』北龍館
・高嶋四郎（一九八二年）『原色日本野菜図鑑』保育社
・タキイ種苗（一九七二年）「園芸新知識 花の号」七月号
・中尾佐助（一九八六年）『花と木の文化史』岩波新書
・兵庫県生物学会編（一九六〇年）『兵庫の自然』のじぎく文庫
・堀田満他編（一九八九年）『世界有用植物事典』平凡社
・本田正次、牧野晩成（一九六六年）『小学館の学習図鑑シリーズ①植物の図鑑』（改訂一四版）小学館
・A. Engler (1906) Das Pflanzenreich, Vol.26, IV. 112. Droseraceae

著者紹介

松本　仁（まつもと・ひとし）
1957年　兵庫県に生まれる。
1980年　京都大学理学部卒業。
2012年　京都大学大学院地球環境学舎地球環境学専攻博士後期課程修了、博士（地球環境学）
博士論文：湿地植物再生のポテンシャルの評価に関する研究
―旧巨椋池氾濫原の自然再生に向けて―

作画者紹介

新部由美子（しんべ・ゆみこ）
1958年　兵庫県に生まれる。
幼い頃から美術に親しみ、高校では美術部に所属。2009年から絵画制作を再開した。植物や動物をモチーフとし、水彩画・アクリル画により表現している。

よもやま花誌《ばなし》
―植物とのふれあい五〇年―

2018年６月25日　初版第１刷発行

著　者　松　本　　　仁
作　画　新　部　由　美　子
発行者　武　市　一　幸

発行所　株式会社　新　評　論

〒169-0051
東京都新宿区西早稲田３-16-28
http://www.shinhyoron.co.jp

電話　03（3202）7 3 9 1
FAX　03（3202）5 8 3 2
振替・00160-1-113487

落丁・乱丁はお取り替えします。
定価はカバーに表示してあります。

印刷　フ　ォ　レ　ス　ト
製本　中　永　製　本　所
装丁　山　田　英　春

ISBN978-4-7948-1094-6